智能变电站
警报处理与故障诊断

ZHINENG BIANDIANZHAN

JINGBAO CHULI YU GUZHANG ZHENDUAN

主　编　辛建波　吴　越　程宏波
参　编　上官帖　文福拴　廖志伟
　　　　苏永春　叶爱民　黄　瑶

中国电力出版社
CHINA ELECTRIC POWER PRESS

内 容 提 要

　　本书以智能变电站的警报处理与故障诊断为主线，系统全面地介绍了变电站中重要的一次设备及其常见故障类型。本书主要内容包括：智能变电站概述，智能一次设备及其常见故障，智能变电站的在线监测，智能变电站的全景数据采集平台，智能变电站综合监测与智能警报处理系统结构及方法，智能变电站信息综合分析与故障诊断系统。

　　本书内容具体，理论联系实际，可作为智能变电站相关领域的教学、科研用书，也可作为相关领域工作人员日常工作、学习的参考书。

图书在版编目（CIP）数据

智能变电站警报处理与故障诊断/辛建波，吴越，程宏波主编. —北京：中国电力出版社，2016.12
　ISBN 978-7-5198-0147-2

　Ⅰ.①智…　Ⅱ.①辛…②吴…③程…　Ⅲ.①智能系统-变电所-故障诊断　Ⅳ.①TM63-39

中国版本图书馆 CIP 数据核字（2016）第 308623 号

中国电力出版社出版、发行

（北京市东城区北京站西街 19 号　100005　http://www.cepp.sgcc.com.cn）
北京市同江印刷厂印刷
各地新华书店经售

*

2016 年 12 月第一版　2016 年 12 月北京第一次印刷
787 毫米×1092 毫米　16 开本　9.5 印张　215 千字
印数 0001—2000 册　定价 36.00 元

前　言

　　智能电网是电力工业的发展方向和趋势。"十二五"期间，国家电网公司投资了约5000亿元，建成了连接大型能源基地与主要负荷中心，具有信息化、自动化、互动化特征的智能电网。2015年7月，国家发展改革委、国家能源局发布了《关于促进智能电网发展的指导意见》，提出到2020年，中国将初步建成安全可靠、开放兼容、双向互动、高效经济、清洁环保的智能电网体系。

　　作为电力系统能量流、信息流和业务流三流汇集的重要节点，变电站的智能化是智能电网实现的基础。

　　智能变电站采用先进、可靠、集成、环保的智能设备，以全站信息数字化、通信平台网络化、信息共享标准化为基本要求，不仅能自动完成信息采集、测量、控制、保护、计量和监测等常规功能，还能在线监测站内设备的运行状态，智能评估设备的检修周期，从而完成设备资产的全寿命周期管理；同时具备支持电网实时自动控制、智能调节、在线分析决策、协同互动等高级应用功能。

　　智能变电站里一、二次设备结合成为现实，全数字化的设备、基于网络的信息共享，使变电站的数据信息变得异常丰富，因而有必要利用这些信息建立一个能防患于未然的变电站安全保障系统，为变电站生产管理集约化提供更好的技术支撑，提升变电站运行的效率与效益，这也是变电站智能化高级应用的重要内容。

　　国网江西省电力公司电力科学研究院与浙江大学、华南理工大学等合作，针对江西省电网实际，结合变电站智能化改造过程中出现的问题，对变电站的故障诊断及智能告警开展了系列研究并取得了丰富的研究成果，积累了较为丰富的实际运行经验。为更好地总结前期研究和应用成果，交流研究应用的实际经验，对相关内容进行了梳理总结形成此书。

　　本书以智能变电站的故障诊断与智能告警为主线，系统全面地介绍了变电站中重要的一次设备及其常见故障类型，梳理了智能变电站中重要一次设备的在线监测方法，搭建了智能变电站的全景数据采集平台，在此基础上构建了变电站的故障诊断及智能告警平台，研究了相应的故障诊断及智能告警方法。

　　第1章对智能变电站的含义及结构进行了概括性介绍，并对新一代智能变电站进行了介绍，以便了解智能变电站的发展趋势。

　　第2章介绍了变电站中重要的一次设备及其常见的故障类型，并列举了部分设备的典型故障案例。

　　第3章介绍了变电站设备的在线监测方法及原理，重点对变压器、断路器和互感器的在线监测原理进行了介绍，分析了目前的在线监测方法存在的问题。

第 4 章介绍了变电站的全景数据采集平台，介绍了面向对象的变电站信息统一模型，分析了不同平台之间数据统一的方法，介绍了不同协议之间协调和转换的机制及方法。

第 5 章在变电站全景数据平台的基础上，搭建了综合监测系统的框架，对其实现原理进行了介绍，分析了基于时序约束的警报处理方法的基本原理，并在时序约束网络的基础上建立了变电站的智能警报处理系统。

第 6 章在警报处理的基础上，进一步研究了变电站设备的故障诊断方法，分析了利用综合信息对变压器、断路器的故障进行诊断的方法，介绍了基于根本原因法的变电站故障诊断方法的原理，并对其在实际项目中的应用进行了介绍。

本书是前期相关研究工作的系统总结，希望本书内容能对相关领域的教学、科研提供一些参考，对我国智能变电站的建设和发展起到一定的推动作用。

由于新技术的快速发展，加之水平有限，书中不足之处在所难免，恳请专家和读者对书稿中的不当之处不吝赐教。

作　者

2016 年 11 月

目　录

第**1**章

智能变电站概述

变电站是电力系统的关键环节,电力系统电能的接受、转换和分配,分布式电源并网的接入,电网状态信息的获取,对电网操作控制的执行等都需要通过变电站来实现。作为智能电网"能量流、信息流、业务流"三流汇集的节点,变电站的智能化可为智能电网的实现提供可靠的支撑,变电站的智能化对智能电网的实现起着至关重要的作用。

为提高变电站的运行自动化水平,人们不断地将各种新技术、新产品应用到变电站中。从传统的变电站自动化系统,到数字化变电站,再到智能变电站,直到现在的新一代智能变电站,各种先进新技术的应用使得变电站的自动化程度越来越高,相应地使得变电站的结构和功能也发生了较大的变化。

智能变电站采用先进、可靠、集成、环保的智能设备,以全站信息数字化、通信平台网络化、信息共享标准化为基本要求,不仅能自动完成信息采集、测量、控制、保护、计量和监测等常规功能,还能在线监测站内设备的运行状态,智能评估设备的检修周期,从而完成设备资产的全寿命周期管理;同时具备支持电网实时自动控制、智能调节、在线分析决策、协同互动等高级应用功能。

经过几年的发展,智能变电站的技术日趋完善,并且得到了大规模的推广应用,在"十二五"前期,新建智能变电站进度保持较快增速,在后期,智能变电站的改造占比逐步提升。从 2009 年 7 月开始,国家电网公司启动建设智能变电站试点工程,在认真总结成果经验基础上,从 2011 年起开始全面推广建设智能变电站,截至 2016 年 9 月底,已投运智能变电站 2267 座,为智能变电站的建设及运营维护积累了丰富的实践经验。

在智能变电站发展的基础上,2012 年 1 月,国家电网公司正式提出研究与建设"占地少、造价省、可靠性高"的新一代智能变电站。在继承智能变电站设计、建设及运行经验成果的基础上,新一代智能变电站充分体现技术前瞻、经济合理、环境友好、资源节约的先进理念。

新一代智能变电站具有系统高度集成、结构布局合理、装备先进适用、经济节能环保、支撑调控一体等特点,相比一代智能变电站占地更少,设备更智能,建设周期更短,可靠性也更高。

1.1 智能变电站

与常规变电站相比,智能变电站设备具有信息数字化、功能集成化、结构紧凑化、状态可视化等主要技术特征，符合易扩展、易升级、易改造、易维护的工业化应用要求。智能变电站能够完成比常规变电站范围更宽、层次更深、结构更复杂的信息采集和信息处理，变电站内、站与调度、站与站之间、站与大用户和分布式能源的互动能力更强，信息的交换和融合更方便快捷，控制手段更灵活可靠。智能变电站的概念示意如图 1-1 所示。

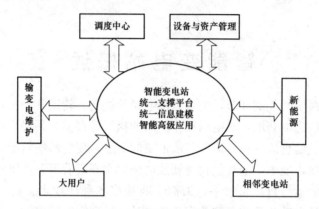

图 1-1　智能变电站概念示意图

智能变电站系统结构从逻辑上可以划分成 3 层，分别是站控层、间隔层和过程层，如图 1-2 所示。

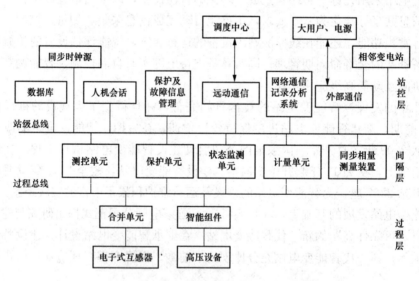

图 1-2　智能变电站系统结构示意图

1. 站控层

站控层包含自动化站级监视控制系统、站域控制、通信系统、对时系统等子系统，实现面向全站设备的监视、控制、告警及信息交互功能，完成数据采集和监视控制（supervisory control and data acquisition，SCADA）、操作闭锁以及同步相量采集、电能量采集、保护信息管理等相关功能。

站控层的主要任务包括：

（1）通过两级高速网络汇总全站的实时数据信息，不断刷新实时数据库，按时登录历史数据库。

（2）将有关数据信息送往电网调度或控制中心。

（3）接受电网调度或控制中心有关控制命令并转间隔层、过程层执行。

（4）具有在线可编程的全站操作闭锁控制功能。

（5）具有（或备有）站内当地监控、人机联系功能，显示、操作、打印、报警等功能，以及图像、声音等多媒体功能。

（6）具有对间隔层、过程层设备在线维护、在线组态、在线修改参数的功能。

站控层功能高度集成，可在计算机或嵌入式装置中实现，也可分布在多台算机或嵌入式装置中实现。

2. 间隔层

间隔层设备一般指继电保护装置、系统测控装置、监测功能组的主智能电子装置（intelligent electronic device，IED）等二次设备，实现使用一个间隔的数据并且作用于该间隔一次设备的功能，即与各种远方输入输出、传感器和控制器通信。

间隔层的主要功能如下：

（1）汇总本间隔过程层实时数据信息。

（2）实施对一次设备的保护控制功能。

（3）实施本间隔操作闭锁功能。

（4）实施操作同期及其他控制功能。

（5）对数据采集、统计运算及控制命令的发出具有优先级别控制。

（6）执行数据的承上启下通信传输功能，同时高速完成与过程层及变电站层的网络通信功能，上下网络接口具备双口全双工方式以提高信息通道的冗余度，保证网络通信的可靠性。

3. 过程层

过程层包括变压器、断路器、隔离开关、电压/电流互感器等一次设备及其所属的智能组件以及独立的智能电子装置。

过程层的主要功能分为以下三类：

（1）实时运行电气量检测。与传统的功能一样，主要是电流、电压、相位以及谐波分量的检测，其他电气量（如有功、无功、电能量）可通过监控的设备运算得到。与常规方式相比不同的是，传统的电磁式电流互感器、电压互感器被非常规互感器取代，采集传统模拟量被直接采集数字量所取代，动态性能好，抗干扰性能强，绝缘和抗饱和特性好。

（2）运行设备状态检测。变电站需要进行状态参数检测的设备主要有变压器、断路器、隔离开关、母线、电容器、电抗器和直流电源系统等。在线检测的主要内容有温度、压力、密度、绝缘、机械特性和工作状态等数据。

（3）操作控制命令执行。包括变压器分接头调节控制、电容、电抗器投切控制、断路器、隔离开关合分控制以及直流电源充放电控制等。过程层的控制命令执行大部分是被动的，即按上层控制指令而动作，如接间隔层保护装置的跳闸指令、电压无功控制的投切命令、断路器的遥控分合命令等，并具有一定的智能性，能判别命令的真伪及合理性，如实现动作精度的控制、使断路器定相合闸、选相分闸、在选定的相角下实现断路器的合闸和

3

分闸等。

在智能电网中，智能变电站的发展目标为：通过全网运行数据分层分级的广域实时信息统一断面采集，实现变电站智能柔性集群及自协调区域控制保护，支撑各级电网的安全稳定运行和各类高级应用；设备信息和运维策略与电力调度实现全面互动，实现基于状态监测的设备全寿命周期综合优化管理；变电站主要设备逐步实现智能化，为坚强实体电网提供坚实的设备基础。

1.2 新一代智能变电站

技术的发展对智能变电站的发展提出了更高的要求，在总结智能变电站设计、建设及运行经验成果的基础上，通过深入梳理智能变电站面临的需求和问题，提出了建设新一代智能变电站的发展规划与技术路线。

新一代智能变电站主要通过优化主接线结构及总平面布置，压缩变电站占地及建筑面积，通过应用隔离断路器、电子式互感器、层次化保护控制系统等智能化设备，从而构建以"集成化智能设备＋一体化业务系统"为特征的新一代智能变电站。

1.2.1 新一代智能变电站的特征

新一代智能变电站具有以下几个特征：

（1）基于站网协调，应用隔离断路器优化电气主接线。

1）隔离断路器是触头处于分闸位置时，满足隔离开关要求的断路器。隔离断路器同时集成了接地开关与电子式互感器，实现了一、二次设备的高度集成，实现了户外空气绝缘（air-insulated switchgear，AIS）变电站主接线的简化与优化。隔离断路器可靠性高，检修周期长，可减少停电维修时间，同时应用隔离断路器可全部或部分取消隔离开关，相应减少了高故障率隔离开关对变电站安全运行的影响，降低了变电站母线停电的概率，提高了变电站的可靠性。同时可压缩变电站纵向尺寸，减少占地面积。

2）电气主接线方面，目前我国 220kV 电网已基本形成环网或双环网，大部分地区的 110kV 电网也过渡到至少双电源供电，且在事故情况下具备转供能力。新一代智能变电站可充分利用电网的这种互供能力，结合高可靠性、高集成度设备的应用，基于站网协调理念，简化变电站的主接线形式。

当变电站中 220、110kV 出线上无 T 接线，或有 T 接线但线路允许停电时，可取消线路侧隔离开关。对于 220kV 变电站 110kV 侧，在满足系统要求的条件下，可以优化为以变压器为单元的单母线分段接线，母线侧隔离开关保留或取消应结合地区电网转供能力确定。而对于 220kV 双母线接线，考虑现阶段双断路器接线经济性较差，为保持双母线接线的可靠性、灵活性，在采用隔离断路器情况下，可保留母线侧隔离开关。

（2）应用小型化、集成化设备，缩减占地面积。在新一代智能变电站中，设备的集成度进一步提高，从而缩小了设备的占地面积。采用隔离断路器可以减少隔离开关的使用，同时，隔离断路器上还集成有电流互感器及接地开关，设备更加紧凑；110kV 配电装置普

遍采用 SF_6 气体绝缘封闭式管母线代替普通管母线，从而可以取消主变压器进线构架和母线进线构架；应用预制舱建筑实现变电站紧凑布置；采用小型化气体绝缘开关（gas insulated switchgear，GIS）、小型化开关柜、集成式电容器、集成化二次装置等设备。这些措施都显著缩小了变电站横向及纵向尺寸，优化了变电站的总平面布置。

（3）构建一体化业务平台及层次化保护控制系统，应用集成化的二次设备，优化二次系统功能及配置。

1）新一代智能变电站构建一体化业务平台，通过标准化的平台接口支持第三方应用模块接入，实现顺序控制、智能告警、二次设备在线监测、保护信息管理、远程浏览、时间同步管理、辅助应用控制等高级应用功能。

2）构建层次化保护控制系统，实现"就地—站域"协调配合，应用站域保护集中决策，实现全站低频低压减载、备自投等安全自动控制功能，同时优化保护功能配置。全站取消传统的非关口计量表计，考核计量功能全部由测控装置实现。35kV及10kV采用集成保护、测控、考核计量、合并单元、智能终端功能的多合一装置，110kV全部采用合并单元智能终端集成装置，实现功能高度整合。110kV站内信息采用共网共口传输方式，减少交换机数量，简化网络结构及二次接线。通过这些措施实现对二次系统功能的优化。

（4）应用模块化二次组合设备，实现工厂化加工，减少现场接线及调试工作量。

1）新一代智能变电站中，户内站按间隔配置模块化二次组合设备，智能组件与GIS本体采用一体化设计；户外站根据条件设置预制舱式二次组合设备，预制舱内二次屏柜采用单舱双列布置。这些二次组合设备在工厂内完成集成和调试后，整体运至现场，缩短现场调试时间。站内采用预制光缆、电缆实现设备之间的标准化连接、即插即用，大大缩短二次接线时间。

2）新一代智能户内变电站建筑面积最大可减少25%，户外变电站建筑面积最大可减少45%~64%，建设工期可缩短1/4。

1.2.2 新一代智能变电站的建设目标

新一代智能变电站是在理念、技术、设备、管理上全方位突破性的重大集成创新工作，是一项复杂的系统工程，它涉及多学科理论和多领域技术，必须采用全新的设计思路与方法，通过顶层设计制定新一代智能变电站的发展战略与规划。其建设目标主要体现在如下五个方面：

（1）系统高度集成。

设备上包括一、二次设备，建筑物，以及它们之间的集成；系统上包括对保护、测控、计量、功角测量等二次系统一体化集成和故障录波、辅助控制等系统的融合；功能上包括变电站与调控、检修中心功能的无缝衔接。

（2）结构布局合理。对内包括一、二次设备整体集成优化，通信网络优化，以及建筑物平面设计优化；对外包括主接线优化，灵活配置运行方式适应变电站功能定位的转化和电源、用户接入。

（3）装备先进适用。设备上智能高压设备和一体化二次设备的技术指标先进、性能稳定可靠；系统上功能配置、系统调试、运行控制工具灵活高效，调控有力；通信系统安全可靠，信息传输准确无误。

（4）经济节能环保。在全寿命周期内，最大限度地节约资源，节地、节能、节水、节材、保护环境和减少污染，实现效率最大化、资源节约化、环境友好化。

（5）支撑调控一体。优化信息资源，增加信息维度，精简信息总量。支持与多级调控中心的信息传输；支撑告警直传与远程浏览，为主站系统实现智能变电站监视控制、信息查询和远程浏览等功能提供数据、模型和图形的传输服务。

1.3 小　　结

本章对智能变电站的作用、基本结构及工作原理进行了介绍，对智能变电站站控层、间隔层及过程层各自的功能进行了介绍，在此基础上，对新一代智能变电站的原理及基本特点进行了介绍。作为智能变电站技术的进一步发展，新一代智能变电站具有"集成化智能设备＋一体化业务系统"的特点，系统集成度更高，结构布局更合理，装备更先进适用，更加节能环保，同时支持调控一体化操作。

第2章

智能一次设备及其常见故障

智能高压设备体现了智能变电站的重要特征，是智能变电站的重要组成部分。同传统高压设备相比，智能高压设备具有测量数字化、控制网络化、状态可视化、功能一体化和信息互动化等特征，能满足高可靠性的要求。

 2.1 智 能 变 压 器

2.1.1 智能变压器的基本结构

变压器是变电站中的核心设备，变电站中电能的转换主要靠变压器来完成，因而变压器的状态对整个变电站的运行影响极大。

电磁式智能变压器的构成包括：变压器本体，内置或外置于变压器本体的传感器和控制器，实现对变压器进行测量、控制、计量、监测和保护的智能组件。

图 2-1 所示是智能变压器的状态监测信息示意图。从图 2-1 中可以看出，变压器的状态监测主要包括局部放电监测、油中溶解气体监测、绕组光纤测温、侵入波监测、变压器振动波谱和噪声监测等。

对于不同电压等级、不同类型及有特殊要求的变压器，其智能组件可以在以上的组件中选取，也可在需要增加功能时增加或改换智能组件。

智能变压器的功能主要体现在以下三个方面：

1. 智能化状态检测

传统变压器的状态检测主要依靠目测、变压器油的离线色谱分析等。这些检查手段简单，无法实现实时检测，且很多检测往往是在变压器内部有故障之后再进行，检测结果很少能起到预防和延长变压器寿命的作用。

智能电力变压器能实时监视变压器的运行温度，实时监视变压器油的色谱，甚至实时监视变压器的老化程度、局部放电和机械应力所致变形等。同时，智能变压器可根据以上完备的内部状态检测结果优化变压器检修计划，以达到预防变压器内部故障和延长变压器寿命的作用。

2. 智能化运行

电力变压器的运行主要包括调节运行电压，改变中性点接地方式等。传统的电力变压器，这些运行方式的改变往往依赖人的手动调节，智能化程度不高。

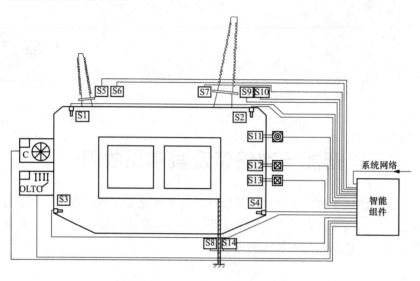

图 2-1　智能变压器状态监测信息示意图

S1、S2—顶层油温；S3、S4—底层油温；S5、S6、S9、S10—电压、电流；S7、S8—局部放电；S11—气体继电器；

S12—油中溶解气体；S13—油中水分；S14—铁芯接地电流；C—冷却系统；OLTC—有载调压系统

智能变压器可根据实际电力系统的运行电压、变压器的负荷量等信息自动调节变压器的运行电压，保持负荷电压的稳定性。同时，智能电力变压器可以根据整个系统的接地情况和变压器的运行需要，自动调整变压器的中性点接地方式，保证系统接地方式的稳定性。通过这些智能化的调节，使变压器的运行状态达到最优。

与变压器一次侧的智能化运行相对应，智能变压器二次侧保护也可以根据一次运行方式的改变而自动改变保护的功能配置，从而形成电力变压器的一、二次智能化整体解决方案。

3. 智能化寿命检测

实际电力系统中，各个变压器的运行条件有所区别，理论上各个变压器的运行寿命均应有所不同。但传统上更换变压器时，除了内部发生严重故障导致变压器严重损坏外，变压器达到规定正常运行寿命时都会根据规定强行更换。也就是说，在更换变压器时，并没有充分考虑到变压器的实际运行寿命。

智能变压器除了能实时监视变压器的运行情况外，还可以根据实际变压器运行过程中的负荷情况、经历的外部和内部故障情况、变压器绝缘的老化程度、局部放电情况和机械应力所致变形等实际变压器的内部情况来推测变压器的运行寿命。在掌握了实际变压器的运行寿命情况后，智能变压器可根据实际电力系统的要求，自动给出变压器的改造和更换时间表。

2.1.2　智能变压器的常见故障及典型案例

大型变压器的故障涉及面广，原因复杂多样。常见的变压器故障划分方法通常有：按变压器本体可分为内部故障和外部故障，即把油箱内发生的各相绕组间的相间短路、绕组的匝间短路、绕组或引线与箱体接地短路等称为内部故障，而油箱外部发生的套管闪络、引出线间的相间短路等故障称为外部故障；按变压器结构可分为绕组故障、铁芯故障、油质故障、附件故障；按回路可分为电路故障、磁路故障、油路故障；从故障发生的部位可分为绝缘故障、铁芯故障、分接开关故障、套管故障等。实际上，变压器的各种故障都可能危及内绝缘的安全，因此，各种外部和内部原因引发的变压器内部故障，按性质又可分为热故障和放电故障。热故障通常指变压器内部局部过热、温度升高；电故障通常指变压器内部在高电场强度的作用下，绝缘性能下降或劣化的故障。根据放电的能量密度不同，电故障又分为局部放电、火花放电和高能电弧放电三种故障类型。

变压器常见的故障类型如表 2-1 所示。

表 2-1　　　　　　　　　　　　　　　变压器常见的故障类型

故障定位	故障类型	故障定位	故障类型	故障定位	故障类型
绕组故障	(1) 匝间故障。 (2) 冲击。 (3) 受潮。 (4) 外部故障。 (5) 过热。 (6) 绕组短路。 (7) 劣化。 (8) 油道阻塞。 (9) 接地。 (10) 相间故障。 (11) 机械性故障	套管故障	(1) 老化。 (2) 污染。 (3) 裂纹。 (4) 动物闪络。 (5) 冲击闪络。 (6) 受潮。 (7) 油位低。 (8) 法兰接地	铁芯故障	(1) 铁芯绝缘故障。 (2) 接地带断裂。 (3) 铁芯叠片短路。 (4) 夹件、螺栓、楔块等部件松动。 (5) 铁芯接地
端子排故障	(1) 松动连接。 (2) 引线断开。 (3) 受潮。 (4) 短路	分接开关故障	(1) 机械性故障。 (2) 电气故障。 (3) 引线故障。 (4) 过热。 (5) 油泄漏。 (6) 外部故障	其他故障	(1) 电流互感器故障。 (2) 油中有金属颗粒。 (3) 运输损坏。 (4) 外部故障。 (5) 油箱焊接不良。 (6) 附属设备故障。 (7) 过电压。 (8) 过负荷
		油故障	(1) 受潮。 (2) 有杂质。 (3) 氧化。 (4) 泄漏。 (5) 劣化		

2.1.2.1　过热故障

变压器过热故障是常见的多发性故障，对变压器的安全运行和使用寿命带来严重威胁。变压器运行时有空载损耗和负载损耗产生，这些损耗来自于变压器绕组、铁芯和金属结构件，损耗转化为热量后，一部分被用于绕组、铁芯及结构件本身的温度升高，另一部分热量向周围介质（如绝缘物，变压器油等）散发，使发热体周围介质的温度逐渐升高，再通过油箱和冷却装置对环境空气散热。

2.1.2.1.1　分类

过热故障按发生部位可分为内部过热故障和外部过热故障。内部过热故障包括绕组、铁芯、油箱、夹件、拉板、无载分接开关、连接螺栓及引线等部件；外部过热故障包括套管、冷却装置、有载分接开关的驱动控制装置以及其他外部组件。

1. 直环流或涡流在导体和金属结构件中引起的过热

（1）铁芯过热故障。变压器铁芯局部过热是一种常见故障，通常是由于设计、制造工艺等质量问题和其他外界因素引起的铁芯多点接地或短路而产生。变压器正常运行时，充当电极的各绕组、引线与油箱间将产生不均匀的电场，铁芯和夹件等金属结构件就处于该电场中，由于它们所处的位置不同，因此，所具有的悬浮电位也各不相同，当两点之间的悬浮电位达到能够击穿其间的绝缘时，便产生火花放电。这种放电可使变压器油分解，长此下去，会逐渐损坏变压器固体绝缘，导致事故发生。

（2）绕组过热故障。变压器绕组过热故障可分为发热异常型过热故障、散热异常型过热故障和异常运行过热故障。如果变压器绕组材料质量不高，会出现较高的电阻，在变压器带负荷运行的情况下，会使绕组出现异常发热现象。一些变压器生产企业为了控制变压器的铜损，在绕制变压器绕组过程中使用带绕包绝缘的换位导线，此类换位导线在使用一段时间后会出现绕包绝缘膨胀、脱落，造成变压器内部油路的堵塞，油路不畅，造成散热异常，匝绝缘得不到充分冷却，因而会严重老化，以致发糊、变脆，在长期电磁振动的影响下，绝缘脱落，局部露铜，导致匝间短路，出现异常运行过热故障。

（3）引线分流故障。由于引线安装工艺问题，使高压套管的出线电缆与套管内的铜管相碰，运行或检修过程中，接触部位受力摩擦，会导致引线绝缘层损伤或半叠绕白布带脱落，引起裸铜引线直接与铜管内壁及均压球接触，形成由铜管壁和引线组成的交链磁通的闭合回路，由此产生引线分流和环流，使电缆铜线烧断、烧伤，使铜管熔成凹形坑等。

（4）铁芯拉板过热故障。大型变压器铁芯拉板，是为保证器身整体强度而普遍采用的重要部件，通常采用低磁钢材料，由于他处于铁芯与绕组之间的高漏磁场区域中，因此，易于产生涡流损耗过分集中，严重时会造成局部过热，其影响因素涉及铁芯拉板材料、几何结构形式与尺寸、漏磁场源等。

（5）涡流集中引起的油箱局部过热。对于大型变压器或高阻抗变压器，由于其漏磁场很强，若绕组平衡安匝设计不合理或漏磁较大的油箱壁或夹件等结构件不采取屏蔽措施或磁钢板错用成普通钢板，使漏磁场感应的涡流失控，引起油箱或夹件等的局部过热。

2. 金属部件之间接触不良引起的过热

（1）分接开关动静触头接触不良。分接开关接触不良出现的过热故障，通常有以下一些原因：

1）无励磁分接开关的动触头片数过少，由于接触电流增加，分接开关在运行中烧损。

2）有载分接开关或无励磁分接开关，由于操动机构的缺陷、固定触头的支架变形或压紧弹簧失效，造成动触头和静触头间的接触不良，甚至接触不上，使其触头表面腐蚀、氧化，或触头之间的接触电阻增大，引起分接开关烧坏。

3）在有载调压变压器中，特别是调压频繁、负荷电流较大的情况，会造成触头之间的机械磨损、电腐蚀和触头污染，电流的热效应会使弹簧刀弹性变弱，从而使动、静触头之间的接触压力下降。

（2）引线接头连接不良。引线接头连接不良引起的过热故障常见有以下原因：

1）低压绕组引出线与大电流套管的连接螺栓压接接头，由于压紧程度不足，造成接触电阻大，引起接线片及套管导流片烧损。

2）高压绕组引出线的接线头没有与高压套管的导电头（将军帽）拧紧，由于接触电阻大，引起接线头和导电头烧焊在一起，或引线头与引出线的焊剂熔化，使引线脱落。

3）在铜铝连接接头间加过渡接头或过渡板，由于过渡元件本身的电阻大，引起过渡元件本身以及被连接的接触面烧损。

4）分接引线与绕组的引线接头焊接质量不良，引起分接引线在焊接处烧断。

（3）处于漏磁场中的金属结构件之间的连接螺栓过热现象。

1）当变压器铁芯拉板和夹件均为低磁钢板（20Mn23ALV）时，由低压引线漏磁场在铁芯拉板与夹件腹板之间的导磁钢连接螺栓中，产生的环流或涡流的集肤效应使接触不紧实的螺栓边缘（如螺纹、螺帽与腹板接触面邻近位置）出现局部烧黑、烧焦现象。

2）变压器漏磁场在上、下节油箱连接螺栓中引起的过热。

2.1.2.1.2 典型案例

1. 分接开关过热故障

某变电站 20MVA、110kV 有载调压主变压器，停电检修前油色谱检查分析异常，见表 2-2。

表 2-2　　某变压器分接开关过热故障色谱数据　　$\times 10^{-6} \mu L/L$

$\varphi(B)$	H_2	CH_4	C_2H_6	C_2H_4	C_2H_2	总烃	CO	CO_2
前一年	31	21.2	20.5	7.8	0	49.5	981	5988
检修前	304	443.5	110.9	946	56.1	1556.5	1082	6430
检修后	9.2	3.4	5.9	58.2	0	67.5	165.5	1480.6

由表 2-2 可知，该变压器前一年色谱正常，这次检修前色谱分析（特征气体法）明显暴露出主变压器存在过热故障，三比值法编码为 022，属温度大于 700℃ 的高温过热。进行直流电阻试验后，发现 35kV 侧直流电阻不平衡率高，铁芯对地绝缘电阻正常，由此分析故障部位可能为引线接头或有载分接开关，由红外测温仪检测显示引线接头处温度正常，故进一步怀疑分接开关故障。经吊罩检查发现，35kV 分接开关中相下方油箱底部有铜屑，打开后明显发现 35kV 分接开关中相运行挡严重接触不良，动、静触头间几乎烧断，因发现及时避免了一起严重事故。

2. 铁芯多点接地导致的过热故障

某 2000kVA、35kV 主变压器轻瓦斯动作频繁，其温升较正常时偏高，但电气试验未发现绝缘不良或受潮，油色谱分析结果见表 2-3。

表 2-3　　某变压器铁芯多点接地故障色谱数据　　$\times 10^{-6} \mu L/L$

$\varphi(B)$	H_2	CH_4	C_2H_6	C_2H_4	C_2H_2	总烃	CO	CO_2
数值	60	139	21	430	4.6	594.6	35	711

色谱反映 CH_4、C_2H_4、总烃超标，C_2H_2 已接近注意值，说明主变压器存在过热故障。三比值编码组合为 022 且有产生，说明此变压器内可能存在大于 1000℃ 的高温点，因 CO、CO_2 不多，初步分析为接头接触不良或铁芯多点接地故障，对变压器减负荷，发现总烃产气速率并未下降，故进一步怀疑磁路铁芯故障。经吊芯检查，接线头及分接开关接触良好。测铁芯对地绝缘电阻，发现底部垫脚对铁芯的绝缘电阻很低，引起铁芯两点接地，产生于铁芯与外壳间的环流造成高温过热。更换绝缘垫脚并用滤油机对变压器油脱水、脱气后运行正常。

3. 引线接头故障

某 31.5MVA、110kV 有载调压变压器，定期色谱试验发现总烃超标，其跟踪数据见表 2-4。

表 2-4　　　　　　　　　　　某变压器引线接头故障分析数据　　　　　　　　　　$\times 10^{-6} \mu L/L$

$\varphi(B)$	H_2	CH_4	C_2H_6	C_2H_4	C_2H_2	总烃	CO	CO_2
1997-12-16	99.2	35.9	202.9	0	338	576.8	855	47.6
1997-12-26	109.2	39.1	211.5	0	359.9	610.5	827	4584
1998-01-04	149.6	57.5	276.0	0	483.1	816.6	715	4238
1998-01-08	160.3	63.1	303.7	0.1	527.2	894.1	768	4194

三比值编码组合 022，说明故障为大于 700℃ 的过热。因 $\varphi(CO)$、$\varphi(CO_2)$ 未增加，故判断为裸金属过热。从总烃产气率看，故障发展越来越快，远超过注意值，故停电检查。用 2500V 绝缘电阻表测得铁芯对地绝缘为 1000MΩ，初步排除铁芯故障。直流电阻试验发现不平衡系数严重超标，估计为分接开关或引线接头故障，经红外测温发现高压侧 C 相引线接头处有一过热点。经吊罩检查分接开关接触良好，但高压侧 C 相引线与均压环接触不良、发热并烧断 12 股，断股处有烧伤痕迹。将其包扎好后重测直流电阻为正常。该变压器重新投运后运行正常。

2.1.2.2　放电故障

放电对绝缘有两种破坏作用：一种是由于放电质点直接轰击绝缘，使局部绝缘受到破坏并逐步扩大，最终使绝缘击穿；另一种是放电产生的热、臭氧、氧化氮等活性气体的化学作用，使局部绝缘受到腐蚀，介质损耗增大，最后导致热击穿。

绝缘材料电老化是放电故障的主要形式，有多种因素会引起绝缘材料的电老化：

（1）局部放电引起绝缘材料中化学键的分离、裂解和分子结构的破坏。

（2）放电点热效应引起绝缘的热裂解或促进氧化裂解，增大了介质的电导和损耗产生恶性循环，加速老化过程。

（3）放电过程生成的臭氧、氮氧化物遇到水分生成硝酸化学反应腐蚀绝缘体，导致绝缘性能劣化。

（4）放电过程的高能辐射，使绝缘材料变脆。

（5）放电时产生的高压气体引起绝缘体开裂，并形成新的放电点。

对于固体绝缘材料的电老化，其形成和发展是树枝状，在电场集中处产生放电，引发树枝状放电痕迹，并逐步发展导致绝缘击穿。

而对于液体浸渍绝缘的电老化，局部放电一般先发生在固体或油内的小气泡中，而放电过程又使油分解产生气体并被油部分吸收，如产气速率高，气泡将扩大、增多，使放电增强，同时放电产生的 X-蜡沉积在固体绝缘上使散热困难、放电增强，出现过热，促使固体绝缘损坏。

2.1.2.2.1 分类

根据放电的能量密度的大小，变压器的放电故障常分为局部放电、火花放电和高能量放电三种类型。

1. 变压器局部放电故障

在电压的作用下，绝缘结构内部的气隙、油膜或导体的边缘发生非贯穿性的放电现称为局部放电。

(1) 局部放电的原因。

1) 内部环境的影响。当油中存在气泡或固体绝缘材料中存在空穴或空腔，由于气体的介电常数小，在交流电压下所承受的场强高，但其耐压强度却低于油和纸绝缘材料，在气隙中容易首先引起放电。

2) 外界环境条件的影响。如油处理不彻底，使油中析出气泡等，都会引起放电。

3) 制造质量不良。如某些部位尖角、毛刺、漆瘤等，它们承受的电场强度较高时会出现放电现象。

4) 金属部件或导电体之间接触不良而引起的放电。局部放电的能量密度虽不大，但若进一步发展将会形成放电的恶性循环，最终导致设备的击穿或损坏，从而引起严重的事故。

(2) 放电产生气体的特征。放电产生的气体，由于放电能量不同而有所不同。如放电能量密度在 $10^{-9}C$ 以下时，一般总烃不高，主要成分是氢气，其次是甲烷，氢气占氢烃总量的 $80\% \sim 90\%$；当放电能量密度为 $10^{-8} \sim 10^{-7}C$ 时，则氢气相应降低，而出现乙炔，但乙炔这时在总烃中所占的比例通常 2%。这是局部放电区别于其他放电现象的主要标志。

2. 变压器火花放电故障

(1) 悬浮电位引起火花放电。高压电力设备中某些金属部件，由于结构上原因，或运输过程和运行中造成接触不良而断开，处于高压与低压电极间并按其阻抗形成分压，而在这一金属部件上产生的对地电位称为悬浮电位。具有悬浮电位的物体附近的场强较集中，往往会逐渐烧坏周围固体介质或使之炭化，也会使绝缘油在悬浮电位作用下分解出大量特征气体，从而使绝缘油色谱分析结果超标。悬浮放电可能发生于变压器内处于高电位的金属部件，如调压绕组有载分接开关转换极性时的短暂电位悬浮，套管均压球和无载分接开关拨钗等电位悬浮等。处于地电位的部件，如硅钢片磁屏蔽和各种紧固用金属螺栓等，与地的连接松动脱落，也可导致悬浮电位放电。变压器高压套管端部接触不良，也会形成悬浮电位而引起火花放电。

(2) 油中杂质引起火花放电。变压器发生火花放电故障的主要原因是油中杂质的影响。杂质由水分、纤维质（主要是受潮的纤维）等构成。水的介电常数约为变压器油的 40 倍，在电场中，杂质首先极化，被吸引向电场强度最强的地方，即电极附近，并按电力线方向排列。于是在电极附近形成了杂质"小桥"。如果极间距离大、杂质少，只能形成断续"小桥"。"小桥"的导电率和介电常数都比变压器油大，从电磁场原理得知，由于"小桥"的存在，会畸变油中的电场。

3. 变压器电弧放电故障

电弧放电是高能量放电，常以绕组匝层间绝缘击穿为多见，其次为引线断裂或对地闪络和分接开关飞弧等故障。电弧放电故障由于放电能量密度大，产气急剧，常以电子崩形式冲击电介质，使绝缘纸穿孔、烧焦或炭化，使金属材料变形或熔化烧毁，严重时会造成设备烧损，甚至发生爆炸事故。这种事故一般事先难以预测，也无明显预兆，常以突发的形式暴露出来。

当变压器内部发生电弧放电故障时，油中的产气特征非常明显，即故障气体主要由 H_2 和 C_2H_2 构成，气体继电器中的 H_2 和 C_2H_2 等组分常高达几千 $\mu L/L$，变压器油亦炭化而变黑。其次是 CH_4、C_2H_2 及 C_2H_6；C_2H_2 和 H_2 的含量常高达数千 $\mu L/L$，一般情况下 C_2H_2 含量占烃总量的 $20\%\sim70\%$，H_2 含量占氢烃总量的 $30\%\sim90\%$，C_2H_2 含量通常高于 CH_4。如果故障涉及固体绝缘，油中还会产生较多的 CO 和 CO_2。

2.1.2.2.2 典型案例

某变电站 1 号主变压器（型号 SFSZ8-31500/110）于 1999 年投运。2006 年 4 月 13 日 13 时 39 分，该主变压器差动保护和本体重瓦斯保护动作，主变压器三侧开关跳闸。

主变压器故障跳闸前的有功负荷 12000kW，此前几天多为阴雨天，跳闸发生时没有雷电，也没有受到短路电流的冲击。在开关跳闸后约 2h，从主变压器底部取油样进行色谱分析（未取瓦斯气样），故障前后的油中溶解气体含量测定值见表 2-5。

表 2-5		1 号主变故障前后油中溶解气体含量				$\times 10^{-6}\mu L/L$	
试验日期	H_2	CH_4	C_2H_6	C_2H_4	C_2H_2	总烃	CO	CO_2
2006-03-09	35.62	7.25	2.76	6.40	0.09	16.5	441	2461
2006-04-13	192.04	28.05	2.70	38.47	62.55	131.77	542	2937

在该案例中，由于是重瓦斯和差动保护动作，且油中 H_2、C_2H_2 含量比 1 个月前大幅增长，分别超过了 $150\mu L/L$ 和 $5\mu L/L$ 的注意值，据此可以判断变压器内部存在突发性故障。故障气体主要由 H_2 和 C_2H_2 组成，由改良三比值法分析所得到的编码组合为 102，对应的故障类型为电弧放电。

从表 2-5 中可知，作为电弧放电故障，故障后的油分析结果中的 H_2 和 C_2H_2 含量偏低，这应与变压器跳闸后至取油样的间隔时间较短、故障部位与取油样部位较远有关。因此，为能全面了解故障的产气情况，真实反映设备内部故障的性质，当发生气体继电器动作后，在取油样进行分析的同时，采集气体继电器内的气体（瓦斯气体）进行分析非常必要。通过分析瓦斯气中的故障组分浓度，然后利用溶解平衡系数计算出瓦斯气中故障组分折算回油中浓度的理论值，再将理论值与油中实测值进行对比，由此就能对故障的性质做出正确判断。

2.1.2.3 短路故障

变压器短路故障主要指变压器出口短路，以及内部引线或绕组间对地短路、相与相之间发生的短路而导致的故障。

据有关资料统计，近年来，一些地区 110kV 及以上电压等级的变压器遭受短路故障电流冲击直接导致损坏的事故，约占全部事故的 50% 以上，与前几年统计相比呈大幅度上升的趋势。这类故障的案例很多，特别是变压器低压出口短路时形成的故障一般要更换绕组，严重时可能要更换全部绕组，从而造成十分严重的后果和损失。

2.1.2.3.1　变压器短路故障的危害

（1）短路电流会引起绝缘过热故障。变压器突发短路时，其高、低压绕组可能同时通过为额定值数十倍的短路电流，它将产生很大的热量，使变压器严重发热。当变压器承受短路电流的能力不够时，热稳定性差，会使变压器绝缘材料严重受损，而形成变压器击穿及损毁事故。

（2）短路电动力会引起绕组变形故障。变压器受短路冲击时，如果短路电流小，继电保护正确动作，绕组变形将是轻微的；如果短路电流大，继电保护延时动作甚至拒动，变形将会很严重，甚至造成绕组损坏。对于轻微的变形，如果不及时检修，恢复垫块位置，紧固绕组的压钉及铁轭的拉板、拉杆，加强引线的夹紧力，在多次短路冲击后，由于累积效应也会使变压器损坏。

2.1.2.3.2　典型案例

某变电所的主变压器投运时间已达 15 年，2011 年初某日，发生 110kV 侧某线路 A 相单相接地短路故障，使得重瓦斯保护动作，三侧开关跳闸。

此变压器每个绕组由一个金属压环固定、每个压环通过接地片单点接地，压钉螺栓与铁轭之间采用绝缘帽隔离。

对该故障变压器进行吊罩检查发现：主变压器铁芯烧损严重；低压 a 相绕组压环向上凸起，压钉螺栓绝缘件破损，压钉螺栓已插入铁轭，压环与铁轭夹件的接地线已断裂。

主变压器低压 a 相绕组压钉螺栓对铁轭放电，巨大的短路电流使得绕组压环接地线熔断。低压 a 相绕组压钉螺栓绝缘帽被压环压坏、压钉螺栓和铁轭间形成短路环，而压钉螺栓由于比铁轭和压环大很多的电阻，在短路电流的作用下被烧熔；低压绕组压环在被绕组向上顶起时，压环开口处和铁芯之间间隙也越来越小，最终压环开口两端和铁心接触，开口处被铁芯短接，形成回路，造成铁芯烧损。

2.1.2.4　绝缘故障

电力变压器的绝缘即是变压器绝缘材料组成的绝缘系统，它是变压器正常工作和运行的基本条件，变压器的使用寿命是由绝缘材料（即油纸或树脂等）的寿命所决定的。实践证明，大多变压器的损坏和故障都因绝缘系统的损坏而造成。据统计，因各种类型的绝缘故障形成的事故约占全部变压器事故的 85% 以上。

2.1.2.4.1　影响变压器绝缘性能的主要因素

影响变压器绝缘性能的主要因素有温度、湿度、油保护方式和过电压影响等。

1. 温度对绝缘故障的影响

电力变压器为油、纸绝缘，不同温度下油、纸中含水量有着不同的平衡关系曲线。一般情况下，温度升高，纸内水分要向油中析出；反之，则纸要吸收油中水分。因此，当温度较高时，变压器内绝缘油的微水含量较大；反之，微水含量就小。温度不同时，使纤维素解环、断链并伴随气体产生的程度有所不同。在一定温度下，CO 和 CO_2 的产生速度恒定，即油中 CO 和 CO_2 气体含量随时间呈线性关系。在温度不断升高时，CO 和 CO_2 的产生速率往往呈指数规律增大。因此，油中 CO 和 CO_2 的含量与绝缘纸热老化有着直接的关系。

2. 湿度对绝缘故障的影响

水分的存在将加速纸纤维素降解，因此，CO 和 CO_2 的产生与纤维素材料的含水量也有关。当湿度一定时，含水量越高，分解出的 CO_2 越多。反之，含水量越低，分解出的 CO 就越多。绝缘油中的微量水分是影响绝缘特性的重要因素之一。绝缘油中微量水分的存在，对绝缘介质的电气性能与理化性能都有极大的危害，水分可导致绝缘油的火花放电电压降低，介质损耗因数 $\tan\delta$ 增大，促进绝缘油老化，绝缘性能劣化。而设备受潮，不仅导致电力设备的运行可靠性和寿命降低，更可能导致设备损坏，甚至危及人身安全。

3. 油保护方式对绝缘故障的影响

变压器油中氧的作用会加速绝缘分解反应，而含氧量与油保护方式有关。另外，油保护方式不同，使 CO 和 CO_2 在油中溶解和扩散状况不同。如 CO 的溶解度小，使开放式变压器 CO 易扩散至油面空间，因此，开放式变压器一般情况 CO 的体积分数不大于 300×10^{-6}。密封式变压器，由于油面与空气绝缘，使 CO 和 CO_2 不易挥发，所以其含量较高。

4. 过电压对绝缘故障的影响

（1）暂态过电压的影响。三相变压器正常运行产生的相、地间电压是相间电压的 58%，但发生单相故障时主绝缘的电压对中性点接地系统将增加 30%，对中性点不接地系统将增加 73%，因而可能损伤绝缘。

（2）雷电过电压的影响。雷电过电压由于波头陡，引起纵绝缘（匝间、并间、绝缘）上电压分布很不均匀，可能在绝缘纸上留下放电痕迹，从而使固体绝缘受到破坏。

（3）操作过电压的影响。由于操作过电压的波头相当平缓，所以电压分布近似线性。操作过电压波由一个绕组转移到另一个绕组上时，约与这两个绕组间的匝数成正比，从而容易造成主绝缘或相间绝缘的劣化和损坏。

（4）短路电动力的影响。出口短路时的电动力可能会使变压器绕组变形、引线移位，从而改变了原有的绝缘距离，使绝缘发热，加速老化或受到损伤造成放电、拉弧及短路故障。

2.1.2.4.2 典型案例

某发电厂变压器组为三相分体式布局，型号为 TEQ-205A44DgK-99，额定容量为 $3 \times 210 \text{MVA}$，高压侧额定电压 $530/\sqrt{3} \text{kV}(1 \pm 2 \times 2.5\%)$，1987 年出厂，1991 年 11 月投产。曾在 1997 年 9 月 15 日因机组启动时非同期并网造成该主变压器 A 相损坏，随后返厂大修，更换全部高低压绕组。1998 年 8 月 19 日修后试验全部合格并恢复运行，重新投产后，于 2001 年 7 月 13 日检出乙炔含量为 $1.67 \times 10^{-6} \mu\text{L/L}$，但未查出原因。长期进行油中溶解气体跟踪，截至 2013 年中旬，连续跟踪检测 12 年，乙炔含量未发现大幅度增长，主变压器油中乙炔含量长期维持在 $2.0 \times 10^{-6} \sim 5.0 \times 10^{-6} \mu\text{L/L}$。在 2013 年 8 月 24 日油色谱跟踪测试发现乙炔含量较上次有较大增长，引起了试验人员注意。

变压器油中溶解气体浓度部分历史数据见表 2-6。油中气体总烃相对增长速率大于 10%，根据三比值法和特征气体法，故障编码为 200，结合特征气体中乙烯没增长，判断变压器存在低能量放电。异常发生前，变压器油内乙炔、氢气等特征气体和总烃一直稳定，变压器运行正常。2013 年 7～8 月间，变压器油内总烃、乙炔、氢气有明显增长，乙炔含量从不足 $5×10^{-6}\mu L/L$ 增至 $15.80×10^{-6}\mu L/L$，判断该变压器内存在不连续放电。特征气体明显增长时，CO、CO_2 稳定，初步判断该变压器缺陷没有涉及固体绝缘，属于裸金属放电。裸金属放电的可能原因有电位悬浮、电场畸变等。根据以上分析，缺陷定性应属于不连续的低能量裸金属放电。

表 2-6 　　　　　　2013 年 6～8 月主变压器油中溶解气体浓度 　　　　　　$×10^{-6}\mu L/L$

实验日期	氢	一氧化碳	甲烷	二氧化碳	乙烯	乙烷	乙炔	总烃	油温负荷
2013-06-03	11.38	1011.16	15.79	5374.21	1.54	2.86	3.72	23.91	28.6℃ 419.8MW
2013-06-23	10.12	940.52	14.86	5587.19	1.57	3.37	4.90	24.70	47.2℃ 423.6MW
2013-07-22	11.69	996.08	12.93	6401.93	2.28	3.59	4.88	23.68	47.6℃ 422.3MW
2013-08-24	26.68	964.43	13.16	6109.18	3.47	5.03	15.80	37.44	31.2℃ 374.14MW

根据油色谱数据及返厂解体分析，判定该变压器乙炔含量突增是由出线装置引起的，变压器整体出线装置由于均压管安装时遗漏或在运行中支撑脱落，造成均压管整体下垂，引起绝缘的电场的畸变。在长期的畸变电场作用下，均压管外绝缘逐步被极化，并产生沿面放电，同时导致变压器油劣化，使局部沿面放电逐步加剧，直至出线装置整体烧蚀。

2.1.2.5　铁芯故障

2.1.2.5.1　常见形式

1. 铁芯硅钢片间绝缘损坏

变压器铁芯硅钢片间绝缘损坏主要是由于硅钢片漆质不好、漆膜脱落等原因造成的。硅钢片短路会增加铁芯中涡流损失。涡流损失与硅钢片厚度成正比。如果硅钢片的片间绝缘损坏，相当于硅钢片的厚度增加 1 倍，而涡流损失将是原来的 4 倍。涡流损失加大使铁芯发热，导致邻近的铁芯绝缘更加损坏，同时还会使油温上升，加速油质劣化，严重时气体继电器会动作。

2. 铁芯多点接地故障

变压器正常运行时，带电的绕组和油箱之间存在电场，而铁芯和夹件等金属构件处于该电场之中。由于电场不均匀，场强各异，如铁芯不可靠接地，将产生充放电现象，损坏固体绝缘和油质绝缘，因此，铁芯必须有一点可靠接地。这是因为硅钢片间的绝缘总阻值仅有几十欧，其作用是隔离涡流，但对于高压电荷来说则是通路，所以铁芯只需要一点接地。但是有些大容量变压器铁芯直径很大，为了减小涡流损失，用纸和石棉绳将铁芯硅钢片各成几组，每组硅钢片必须用金属片连接起来，然后接地。

目前，制造大中型变压器时，铁芯经一只小套管引至油箱外部接地，有的将铁芯和夹件分别用两只套管引至油箱外部接地。如果变压器在运行中，由于各种原因铁芯出现另一点接地时（即构成两点接地），则正常接地的导线上就会有环流。该环流引起局部过热，严重时将接地线烧断，使铁芯失去接地。另外使原来相互绝缘的硅钢片被短路以至产生很大的涡流，使铁芯过热，严重时可导致铁芯烧损，因此，铁芯不能多点接地。

铁芯多点接地故障的出现原因：

（1）制造原因。如油箱盖上温度计套座过长，与上夹件、铁轭、旁柱等相碰；油箱中有金属异物（如焊条头、钢丝等）；铁轭穿芯螺杆衬套过长，与铁轭硅钢片相碰等。

（2）安装疏忽。如在安装完工后未将变压器油箱顶盖上运输用的定位钉翻转过来或去掉。

（3）运行维护不当。如下夹件与铁轭阶梯间的木垫块受潮或表面附有大量油泥，使绝缘电阻下降为零，穿芯螺栓绝缘损坏等。

无论哪种原因，其表现形式都是出现环流引起局部过热，使硅钢片短路，最终导致铁芯损坏。

3. 铁芯接地片断裂

变压器在运行中，内部金属部件因感应产生悬浮电位，如果接地不良或接地断开就会产生断续放电。当电压升高时，内部可能发生轻微"噼啪"声，严重时会使气体继电器动作。

2.1.2.5.2 典型案例

某变电站型号为 ZHSFP-27850/110 的变压器、在吊芯大修时发现铁芯积铁锈很多，铁芯对夹件绝缘为 $0.15M\Omega$（用 500V 绝缘电阻表摇测），并用数字万用表测得电阻值约为 $990k\Omega$，故判定铁芯出现非金属性多点接地故障。原因判断过程如下：

（1）各绝缘薄弱重点部分外观检查，未发现有明显接地点和放电痕迹。

（2）分部摇测两分半铁芯对夹件绝缘，其中一半绝缘为 $500M\Omega$，另一半为 $0.15M\Omega$，说明是一侧铁芯多点接地。

（3）以接地一侧为重点，对铁芯和绝缘垫片的铁锈、油泥等杂物进行清理后，绝缘电阻无变化。

（4）分别摇测现场能够测到的绝缘片的表面绝缘电阻，均未发现问题。

（5）用榔头敲击振动夹件，同时用绝缘电阻表监测绝缘电阻，没有发现变化。

（6）在箱体内对铁芯进行两次油泥冲洗后，接地现象仍未消失。

（7）根据以上检查，分析认定是由于悬浮铁锈在电磁力的作用下，沉积在绕组内部，在夹件与铁芯的绝缘表面上形成稳定的非金属性接地故障，故决定用放电冲击法。利用现场电气试验班组的升压变压器进行慢慢升压放电（一定注意电流和电压的变化缓缓操作，电压不允许超过 2500V）。当升至 1000V 左右时，听见绕组内部"砰"的一声，接着停止测量绝缘电阻，发现绝缘电阻升至 $3M\Omega$。继续升压，当升至 1650V 左右时，又听见绕组内部"砰"的一声，停止升压测量绝缘电阻，发现绝缘电阻已升到 $500M\Omega$。至此，铁芯多点接地故障已消除，故判定铁芯出现非金属性多点接地故障。

2. 2 智 能 断 路 器

2.2.1 智能断路器结构及功能

断路器是变电站中重要的一次设备。它在变电站中所起的作用是：

（1）控制作用。根据电力系统正常运行或检修的需要，它可以将接入电网的电气设备部分或全部投入或退出运行。

（2）保护作用。当电力系统发生异常，或某一部分设备发生故障时，它和继电保护、自动装置相配合，将该故障部分从系统中迅速切除，免除设备进一步被破坏，缩小电力系统的停电范围，防止事故扩大，保证系统中其他非故障区域恢复供电。

IEC 62063《高压开关设备和控制设备 开关设备和控制设备的辅助设备中电子与相关技术的使用》对于智能断路器设备的定义为"具有较高性能的断路器和控制设备，配有电子设备、传感器和执行器，不仅具有断路器的基本功能，还具有附加功能，尤其是在监测和诊断方面"。DL/T 860《变电站通信网络和系统》定义了智能开关的逻辑节点（XCBR），对于在物理设备上实现了 XCBR 的断路器，称为智能断路器。

IEC 61850 系列中指出，断路器属于过程层设备，可通过 IEC 61850 系列标准的通信报文实现断路器状态、位置信息及分合闸命令的传递。也就是说，智能断路器必须具备过程层通信接口、接收和发送符合 IEC 61850 的通信报文。很明显，要求在数字化和智能化变电站里的智能断路器应具有以下功能：

（1）在 IEC 61850 下通过通信报文实现位置信息、状态信息、分合闸命令的 GOOSE 传输。

（2）有效地对断路器状态监测和诊断。

（3）自适应操控断路器分合闸角度及时间。

（4）对于配置有电压、电流传感器的 GIS 断路器，应具有电压、电流的数字化网络传输功能。

对于敞开式开关设备，一个智能组件隶属于一个断路器间隔，包括断路器及与其相关的隔离开关、接地开关、快速接地开关等。对于高压组合电气设备，还可包括相关的电流和电压互感器。断路器和高压组合电器的智能化主要包括测量、控制、计量、状态监测和保护。断路器和组合高压电器的状态监测主要包括局部放电监测、操动机构特性监测和储能电动机工作状态监测等。

智能断路器一般由数据采集、智能识别和调节装置 3 个基本模块构成，其工作原理如图 2-2 所示。图中实线部分表示现有断路器和变电站的有关结构相互关联。智能识别模块是智能控制单元的核心，由微处理器构成的微机控制系统，能根据操作前所采集到的电网信息和主控制室发出的操作信号，自动地识别当前操作时断路器所处的电网工作状态，根据对断路器仿真分析的结果决定出合适的分合闸运动特性，并对执行机构发出调节信息，待调节完成后再发出分合闸信号。数据采集模块主要由新型传感器组成，随时把电网的数

19

据以数字信号的形式提供给智能识别模块，以进行处理分析；执行机构由能接收定量控制信息的部件和驱动执行器组成（图 2-2 中未画出），用来调整操动机构的参数，以便改变每次操作时的运动特性。此外，还可根据需要加装显示模块、通信模块及各种检测模块，以扩大智能操作断路器的智能化功能。

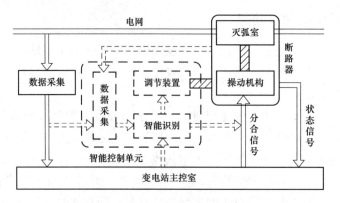

图 2-2　智能断路器的工作原理

　　智能断路器的重要功能之一是实现重合闸的智能操作，即能够根据监测系统的信息判断故障是永久性的还是瞬时性的，进而确定断路器是否重合，以提高重合闸的成功率，减少对断路器的短路合闸冲击及对电网的冲击。

　　智能断路器的另一个重要功能就是分、合闸相角控制，实现断路器选相合闸和同步分断。选相合闸指控制断路器不同相别的弧触头在各自零电压或特定电压相位时刻合闸，避免系统的不稳定，克服容性负荷的合闸涌流和过电压。断路器同步分断指控制断路器不同相别的弧触头在各自相电流为零时实现分断，从根本上解决过电压问题，并大幅度提高断路器的开断能力。断路器选相合闸和同步分断首先要求实现分相操作，对于同步分断还应满足以下 3 个条件：①有足够高的初始分闸速度，动触头在 1～2ms 内达到能可靠灭弧的开距；②触头分离时刻应在过零前某个时刻，对应原断路器首开相最小燃弧时间；③过零点检测及时可靠。

　　智能断路器是智能变电站的重要技术支撑，其智能控制技术对电网的安全运行或经济效益的影响十分明显：

　　（1）断路器在故障情况下操作的概率很低，大多是在正常运行或试验过程中进行的分、合闸操作，安装智能控制单元能依据当时系统运行情况，以较低速度开断，从而减少断路器开断时的冲击力和机械磨损，不仅减少机械故障，并提高可靠性，而且还能提高断路器的使用寿命，在工程上有较高的经济效益和社会效益。

　　（2）实现重合闸的智能操作。智能控制单元根据系统的信息判断故障是永久性的或者是瞬时性的，然后确定断路器是否重合，提高重合闸的成功率，减少对断路器的短路合闸冲击和对电网的冲击。

　　（3）实现断路器选相合闸或同步分断。选相合闸是指断路器不同相别的弧触头在各自零电压或特定电压相位时合闸，这样可以避免对系统的冲击，造成系统不稳定，克服合闸涌流和操作过电压，取消合闸电阻，提高可靠性。同步分断是指在通过断路器不同相别的弧触头电流为零时实现分断，控制实际燃弧时间获得最佳灭弧效果，从而提高断路器的实际开断能力。

（4）实现有关检测、保护、控制及通信的网络方式传输，省去了大量的二次电缆，同时使得二次系统从电气量的采集、信息的传输、跳合闸控制命令的实现等具备了全面监视的可能。这将有利于变电站一次系统和二次系统的状态检修，大大提高变电站电气系统的可靠性和安全性。

2.2.2　隔离断路器结构及功能

由于断路器需要大量维修，在变电站设计时，断路器的两侧均配置有隔离开关，以便在断路器检修时隔离电源。随着断路器技术的不断发展，现在的断路器有 15 年以上的维修时间间隔，其故障率远小于隔离开关。由此提出变电站的设计原则由原来的断路器两端设置隔离开关改为将隔离功能集成到断路器中，从而创造了一个新产品——隔离断路器（Disconnecting Circuit Breaker，DCB）。

2.2.2.1　功能

隔离断路器的隔离功能相比于户外隔离开关而言，其可靠性更高，故障率更小，维护量更少。目前，隔离断路器不仅应用在智能变电站中，其可靠的隔离功能更多的应用于架空线路、电力变压器维护等工作。

隔离断路器是新一代智能变电站的关键设备之一，它集成了断路器、隔离开关、接地开关、电子式互感器等设备的功能，融合了数字化测量、网络化控制、状态监测等智能化技术，实现了智能化一、二次设备深度融合。应用隔离断路器可取消或部分取消隔离开关，减少高故障率的隔离开关对变电站安全运行的影响，有效提升变电站的可靠性，同时大幅简化电气主接线，符合新一代安全、紧凑的设计理念。

在隔离断路器中，断路器触头在断开位置时也具有隔离开关的功能。触头系统类似于常规的断路器，无需附加触头或连接系统。隔离断路器采用硅橡胶绝缘子。这些绝缘子具有疏水性，也就是说绝缘子表面的水会形成水珠。因此，这使得绝缘子在污染环境下性能出色，断路器在分闸位置，漏电流降至最小。

隔离断路器必须同时满足相应的断路器标准与隔离开关标准。国际电工委员会（International Electrotechnical Commission，IEC）于 2005 年发布了专门的隔离断路器标准。该标准的一个重要部分为组合功能试验。这些试验用于验证在隔离断路器使用期间不管触头上是否出现磨损或灭弧是否产生分解副产物，都必须满足隔离特性要求。为了满足这些要求，首先要通过验证开断和机械性能，然后验证隔离绝缘性能。

隔离式断路器可实现隔离开关、互感器、断路器的一体化制造，通过一、二次设备高度集成，实现功能组合，节省土地和投资。具体包括以下功能集成：

（1）可将电子式电流互感器集成于断路器本体，实现一体化工厂制造，取消变电站内独立电流互感器，节省土地。

（2）可通过断路器同步控制器控制开合时间，消除暂态电流或电压，实现开断或关合的智能控制技术，实现智能灭弧，减少对系统冲击，提高电能质量。

（3）采用新结构与新工艺，实现断路器和电流互感器之间、隔离式断路器和智能组件间的深度融合，对 SF_6 气体密度、微水以及断路器机械特性进行在线监测，提升设备可靠性、可用性，实现设备功能智能化、安装模块化、运检标准化。

2.2.2.2　结构

与传统断路器相比，隔离断路器在瓷柱式断路器基础上，集成了接地开关、电子式电流互感器和在线监测装置等。设备上部为灭弧室，中间为电子式电流互感器，下部为支柱瓷套及框架，框架内集成了接地开关三相联动传动系统，整体结构紧凑。除主要元件之外还配备有包含智能终端、合并单元与在线监测系统等智能组件的智能控制柜。其工作位置除了有传统断路器所具有的合闸位置和分闸位置外，还具有接地位置。

隔离断路器设备形态如图 2-3 所示。

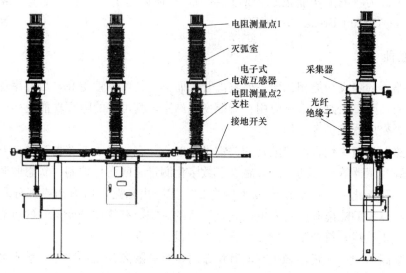

图 2-3　隔离断路器设备形态

1. 隔离断路器接地开关

接地开关与隔离断路器共用一个底架，三相联动系统装配集成于隔离断路器支柱下侧框架内。所配备的电动机构及其连接机构装在边相支柱上，接地开关结构为单臂直抡式，运动方向垂直于端子出线方向，设置有"机械＋电气"的闭锁装置，当断路器合闸时接地开关不允许合闸。

2. 隔离断路器电子式电流互感器

电子式电流互感器置于隔离断路器套管和支柱套管之间，采集器置于光纤绝缘子顶部，光纤置于光纤绝缘子内部，光纤绝缘子固定于断路器支架上，数据通过光纤传输采集。电子式电流互感器为外装式电流互感器，采用罗氏线圈原理，具有较高的测量准确度、较大的动态范围及较好的暂态特性。一次线圈为中间支撑壳体，即主回路导体；二次线圈固定绝缘板上，引出线通过光纤绝缘子将信号传到就地控制柜。隔离断路器中电子式电流互感器结构见图 2-4。

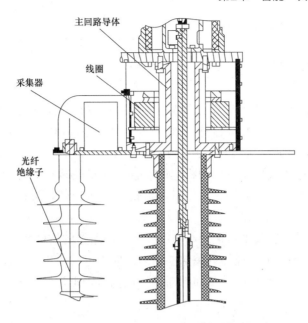

主回路导体

线圈

采集器

光纤绝缘子

图 2-4 隔离断路器中电子式电流互感器结构

3. 隔离断路器隔离闭锁系统

针对隔离断路器和接地开关之间的运行逻辑,隔离闭锁系统结构如图 2-5 所示。该闭锁系统的基本原理是通过闭锁销挡住断路器操动机构的合闸掣子,从而使断路器始终保持在分闸位置而不能合闸。隔离闭锁装置可远程或就地操作,当隔离闭锁装置处于闭锁状态,断路器产品需要检修时,检修人员可以就地手动上锁,进一步确保断路器处于隔离位置。

操动机构平台

辅助开关

行程开关

闭锁销

闭锁销推杆

手动上锁位置

图 2-5 隔离断路器闭锁系统结构

4. 隔离断路器在线监测装置

根据智能电网对于设备状态可视化的要求,在隔离断路器的设计和制造中实现了与在线监测装置的深度融合,对设备状态进行在线监测提升设备可靠性,实现设备功能智能化。其监测项目和状态量主要包括以下几个方面:

(1) 气体状态。SF_6 气体内气体压力与绝缘强度密切相关,同时也是密封状态的重要信息。隔离断路器采用集成式 SF_6 气体传感器,同时定量监测 SF_6 气体压力温度和密度状态量。

(2) 机械状态。隔离断路器的机械状态在线监测主要包括分合闸速度、分合闸时间、分合闸线圈电流波形和断路器动作次数。

1）分合闸速度是反应机械特性状态的关键参量，在操动机构传动拐臂上安装角位移传感器，通过状态监测 IED 对位移传感器信号的处理，得出分合闸速度和位移—时间曲线数据。

2）分合闸线圈回路上安装有穿心 TA，当 TA 感应到回路上带电即为分合闸开始时刻，感应到分合闸辅助开关触点状态转换时为分合闸结束时刻，TA 信号和辅助开关信号上传给状态监测 IED 处理，便可得出分合闸时间。

3）分合闸线圈电流波形反应操动机构的特性，通过安装在分合闸线圈回路上的穿心 TA，可进行分合闸线圈电流的测量，经对电流信号分析处理，可得出分合闸线圈电流曲线数据，以供诊断。

4）对断路器的动作次数进行记录，可以此确定断路器的机械寿命。

（3）储能机构状态。通过监测开关储能状态、储能电动机工作电流波形、储能电动机的日启动次数和日累计工作时间，从而判断操动机构是否正常储能，以及储能系统是否出现问题。

根据国际大电网会议（International Council on Large Electric systems，CIGRE）和相关研究机构对各国电网在运隔离断路器运行情况的统计分析，将断路器和隔离开关集成为隔离断路器后，132kV 隔离断路器的维护停电时间由 5.3h/（年·台）下降为 1.2h/（年·台），设备维护量降低 87%；设备故障停电时间由 0.21h/（年·台）下降为 0.12h/（年·台），设备故障率降低 43%。400kV 隔离断路器的维护停电时间由 4.8h/（年·台）下降为 0.5h/（年·台），设备维护量降低 90%；设备故障停电时间由 0.1911/（年·台）下降为 0.09h/（年·台），设备故障率降低 50%。

目前，瑞典已将隔离断路器作为新建变电站和在运变电站设备改造更换的标准设备配置，瑞典南部已有 30 余座变电站装用了隔离断路器，挪威等国也有多个工程实例。在新西兰，隔离断路器的应用取得了较良好的效果。新西兰是地处太平洋南部的岛屿国家，大部分变电站都临近海边，隔离开关等户外设备长期受到咸湿海风的侵蚀，加快了金属触头等裸露部件的腐蚀。新西兰的地热地区产生的硫化氢等化学物同样会加速传统隔离开关设备的腐蚀。隔离断路器实现了将触头部位全部集成入灭弧室内，受 SF_6 气体的保护，取得了较好的应用效果。

2.2.3 智能断路器常见故障及典型案例

2.2.3.1 智能断路器常见的故障类型

断路器的主要故障类型包括拒动故障、误动故障、开断与关合故障、绝缘故障、载流故障、外力故障等。其中，拒动故障包括拒分故障和拒合故障两大类。拒分故障的危害最大，通常会引起越级跳闸，送电时间延长，造成系统故障，扩大事故范围。根据国家电网公司的统计数据，2004 年，6～500kV 高压断路器拒分故障占总故障的 15.2%，排各类故障的第三位。2006 年，12kV 以上高压断路器拒动故障共占总故障的 14.5%，排各类故障的首位。由此可见，电力系统实际运行过程中高压断路器发生拒动故障的概率相当大。

断路器拒分故障原因主要有以下两种：

（1）机械故障。一旦断路器机械构件或传动系统出现故障就会引起断路器拒动。例如：断路器触头铁芯卡住或脱落而造成铁芯的冲击力不足，无法达到断路目的；断路器的传动系统出现故障，导致断路指令无法得到执行，造成断路器拒动；断路器触动被卡住无法顺利断开，从而导致断路器拒动。

（2）电气故障。电气故障主要有：断路器控制回路断开；跳闸线圈烧毁；继电保护预设值高于正确的预设值；断路器电源电压过低。在断路器电气故障中，由于跳闸线圈烧毁而造成的断路器拒动故障占所有断路器拒动故障的50%以上。

国家电网公司电力科学研究院的调查研究表明，在1989～1997年期间，高压断路器发生的4632次故障中，各类故障类型占比如图2-6所示。

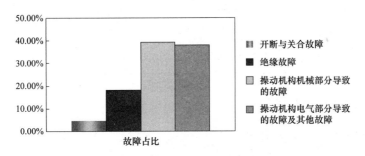

图 2-6 断路器不同类型故障占比图

其中开断与关合故障占总故障的4.6%，绝缘故障占总故障的18.1%，操动机构机械部分导致的故障占总故障的39.3%，操动机构的电气控制回路造成的故障和其他类型故障总共约占38%。

上述数据表明，在我国的高压断路器中，由操动机构（包括机械部分和电气控制回路）引起的故障是最主要的故障。

某弹簧操作机构断路器的常见故障及其原因见表2-7。

表 2-7 　　　　　　　　　　弹簧操动机构常见故障原因及处理方法

序号	项目	故障现象	故障原因	故障处理方法
1	拒合	合闸铁芯和机构已动作	（1）主轴与拐臂连接用圆锥销被切断。 （2）合闸弹簧疲劳。 （3）脱扣联板动作后不复归或复归缓慢。 （4）脱扣机构未锁住	（1）更换新销钉。 （2）更换新弹簧。 （3）检查脱扣联板弹簧有无失效，机构主轴有无窜动。 （4）调整半轴与扇形板的搭接量
		铁芯动作，但顶不动机构	（1）合闸铁芯顶杆顶偏。 （2）机构不灵活。 （3）电动机储能回路未储能。 （4）驱动棘爪与棘轮间卡死	（1）调整连板到顶杆中间。 （2）检查机构联动部分。 （3）检查储能电动机行程开关及其回路是否正常。 （4）调整电动机凸轮到最高升程后，调整棘爪与棘轮间隙至0.5mm，不卡死为宜

续表

序号	项目	故障现象	故障原因	故障处理方法
1	拒合	合闸铁芯不能动作	(1) 失去电源。 (2) 合闸回路不通。 (3) 铁芯卡滞	检查原因并予以消除
		合闸跳跃	扇形板与半轴搭接太少	适当调整，使其正常
2	拒分	分闸铁芯已经动作	(1) 分闸拐臂与主轴销钉切断。 (2) 分闸弹簧疲劳。 (3) 扇形板与半轴搭接太多	(1) 更换新销钉。 (2) 更换新弹簧。 (3) 适当调整使其正常
		分闸铁芯不能动作	(1) 分闸回路不通。 (2) 分闸铁芯卡滞。 (3) 失去电源	检查原因并予以消除
3		分、合速度不够	(1) 分合闸弹簧疲劳。 (2) 机构运行不正常。 (3) 本机内部卡滞	(1) 更换新弹簧。 (2) 检查原因并予以消除。 (3) 解体检查

2.2.3.2 断路器典型故障案例

1. 断路器机械故障造成的拒动事故

某变电站 10kV 线路出现跳闸事故，并在事故处理过程中出现了一次断路器拒动故障。起初该变电站由于某一瓷横担断裂造成线路短路，经过处理后，值班员对线路进行送电操作，然后合上断路器一段时间后，某一处电缆起火。

该次事故的起因是瓷横担断裂导致线路侧发生短路跳闸，经过处理合上断路器后，线路中又出现电缆头短路，断路器由于机械构件卡住，未及时进行断电保护，导致电缆起火。

以上事故是一起典型的因断路器机械故障造成的断路器拒动事故。

2. 断路器电气故障造成的拒动事故

某 110kV 变电站为无人值守变电站，由监控中心监控，其接线方式如图 2-7 所示，两台主变压器均为 40MVA 的有载调压变压器，事故前高、低压侧均为分列运行方式。即 110kV 桥断路器 170 和 10kV 分段断路器 500 均处于分闸位置。110kV A 线带 1 号主变压器运行，110kV B 线带 2 号主变压器运行。由于机械厂内水泥杆拉线被撞断后反弹至架空裸导线引起两相短路，短路发生后，机械厂线断路器 529 拒动，约 0.7s 后发展为三相短路。三相短路后 10kV Ⅱ 段电压降低，蓄电池交流电源切换，切换过程中交流失电，蓄电池本身又存在故障，导致直流电源短时消失。待交流电源切换完成，直流电源恢复后，故障持续约 13s 后，2 号主变压器低压后备保护动作才将故障切除，结果造成配电柜起火烧毁，10kV 母线 Ⅱ 段及所有出线停电。

根据后台保护信息，短路发生后，断路器 529 的保护动作，但断路器未跳开。经过对该断路器操作控制回路蓄电池组的检查发现，有一只蓄电池两端电压为零，处于开路状态，致使蓄电池组整体输出电压为零。断路器操作回路的电气故障时造成此次拒动事故的直接原因。

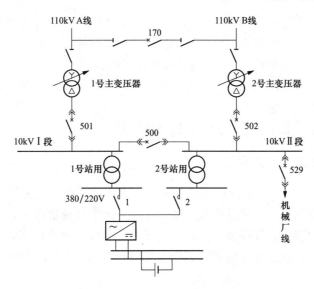

图 2-7 某 110kV 无人值守变电站电气主接线图

由于隔离断路器优化的结构设计，其整体运行情况良好，其本体较少发生缺陷。作为一种新型设备，隔离断路器要在运行中不断积累经验。目前，对于母线陪停、隔离断路器无可见断口及免维护周期是隔离断路器关注的焦点内容。

2.3 电 子 式 互 感 器

2.3.1 概述

互感器是连接电力系统中电气一次与二次回路间不可缺少的设备，电力系统的可靠和经济运行与互感器的精度及可靠性密切相关。随着智能电网的快速推进，尤其是特高压、超高压电网的迅猛发展，电子式互感器以其高绝缘性、抗强电磁干扰、易数字化传输、低成本优势逐渐取代传统互感器。电子互感器在智能变电站的应用更是彻底解决了系统暂态响应及电磁干扰问题，使得保护更加可靠、测量更加精确。

2.3.1.1 电子式互感器的优势

传统电磁型互感器存在铁芯饱和与谐振问题以及绝缘油易燃、易爆等危险，而电子式互感器具有体积小、绝缘宜实现、无开路危险、直接传输数字信号等优点，因而智能变电站中现在多采用电子式互感器对电压电流进行变换。

电子式互感器同传统电磁式互感器相比较，其优势在于：

（1）高低压完全隔离，绝缘简单，安全性高，没有因漏油而导致的易燃、易爆等潜在危险。

（2）不存在磁饱和、铁磁谐振等问题。

（3）频率响应宽，动态范围大，精度高，可同时满足测量和继电保护的要求。

（4）体积小，质量轻，节约占地面积；无污染，无噪声，具有优越的环保性能。

（5）不存在 TA 二次输出开路和 TV 二次输出短路的危害。

（6）数字信号（光纤传送）分享更容易，带负载能力强。

（7）成本与电压等级的关系不大。电压等级越高，电子式互感器优势越明显。

（8）方便实现电压、电流组合。

（9）适合电力系统数字化、智能化和网络化需要。

2.3.1.2 电子式互感器的结构

IEC 60044-7/8 对电子式互感器的定义为：一种装置，由连接到传输系统和二次转换器的一个或多个电流或电压传感器组成，用于传输正比于被测量的量，供给测量仪器、仪表和继电保护或控制装置。存在数字接口的情况下，一组电子式互感器共用一台合并单元完成此功能。电子式互感器的一般原理框图如图 2-8 所示。（根据采用技术的不同，图中的某些部分可省略）

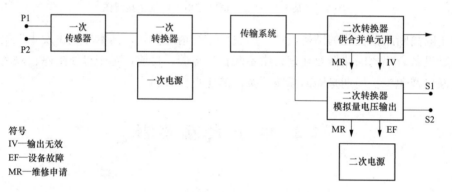

图 2-8 电子式互感器的通用结构框图

电子式互感器一般由传感单元、采集单元、合并单元及传输系统等组成。传感单元用于将一次侧的高电压、大电流等信号转化成适合采集单元采集的小电压、小电流信号（对应图 2-8 中的一次传感器）；采集单元用于对传感单元的输出进行信号调理、滤波、A/D转换等，并通过微控制器将 A/D 转换的数据按一定的格式进行组帧，通过光纤等传输介质发送给合并单元（对应图中 2-8 的一次转换器）；合并单元对来自多个采集单元的数据进行处理后，一般按照 IEC 61850-9-2（或 IEC 61850-9-2LE）的格式发送给后续的设备，如计量设备、继保设备和交换机等。二次转换器通常集成在合并单元内部，一般不作为单独的部件出现。

2.3.1.3 电子式互感器的分类

电子式互感器分类如图 2-9 所示。

根据一次传感部分是否需要供电，电子式互感器可分为有源式电子互感器和无源式电子互感器。有源式电子互感器传感头采用电子器件，需要提供电源；而无源式电子互感器传感头采用磁光晶体或光纤，不需要提供工作电源。有源式是用电磁感应或分压原理将被测量信号转变为小电压信号，再将小电压信号转化成光信号传输给二次设备。无源式是用磁光效应和电光效应直接将被测信号转变为光电号。

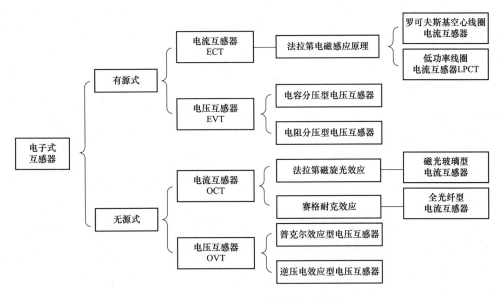

图 2-9　电子式互感器分类示意图

2.3.2　电子式电流互感器

2.3.2.1　有源电子式电流互感器结构和工作原理

有源电子式电流互感器一次侧传感头采用的是电子器件，因此其一次侧必须有相应的供电电源。传感头输出的电信号由位于一次侧的信号处理电路转换成光信号，再经由光纤传递到二次侧，进行光电信号转换后，再提供给保护和计量两个信号通道的输出。

几种常见的有源电子式电流互感器的工作原理如下：

1. 铁芯低功率线圈电流互感器（low power current transformer，LPCT）

作为常规电磁式电流互感器的一种改良，LPCT 铁芯一般采用微晶合金等高导磁性材料，因此具有测量精度高、输出灵敏度高、性能稳定、技术成熟、易于大批量生产等优点。

与常规电磁式电流互感器不同，LPCT 二次侧回路并接了一个采样电阻，通过采样电阻将二次电流信号转换为电压信号输出实现 I/U 转换，其原理图如图 2-10 所示。

$$U_s = R_{sh} \frac{N_p}{N_s} I$$

式中　R_{sh}——二次侧并接的采样电阻；

N_p，N_s——一次侧、二次侧的线圈绕组匝数；

I——一次侧电流。

LPCT 作为一种电磁式电流互感器，具有输出灵敏度高、技术成熟、性能稳定、易于大批量生产等特点；此外，由于其二次负荷较小，

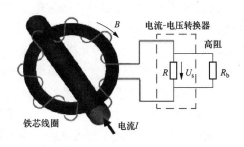

图 2-10　低功率线圈信号转换原理图

加上高导磁铁芯材料的应用，可以实现对大动态范围电流的测量。LPCT 的输出电压信号由位于高压侧的信号处理电路转换为数字光脉冲信号，经由光纤传至低压端控制室，然后由低压侧信号处理电路将光信号还原为电信号，并提供测量和保护两个信号通道的输出接口。由于采用光纤作为高低压侧信号连接的通道，所以在很大程度上降低了对电流互感器绝缘结构的要求。

2. 罗可夫斯基空心线圈电流互感器

罗可夫斯基空心线圈电流互感器一次侧采用罗可夫斯基空心线圈电流作为传感器。罗可夫斯基空心线圈又称为磁位计，是一个均匀缠绕在非铁磁性材料上的空心线圈，一次母线置于线圈中央，因此绕组线圈与母线之间的电位是隔离的。与常规电磁式电流互感器不同，罗可夫斯基空心线圈不含铁芯，不存在磁滞效应和磁饱和现象，而且测量范围也几乎不受被测电流大小的限制。

罗可夫斯基空心线圈测量原理如图 2-11 所示。如果母线电流为 $i(t)$，根据法拉第电磁感应定律，罗可夫斯基空心线圈两端产生的感应电动势为

$$e(t) = -\frac{\mathrm{d}\Phi}{\mathrm{d}t} = -k\frac{\mathrm{d}I}{\mathrm{d}t} \tag{2-1}$$

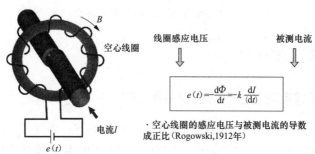

图 2-11 罗可夫斯线圈测量原理图

罗可夫斯基空心线圈两端产生的感应电动势 $e(t)$ 经过积分器处理后得到与被测电流成比例的电压信号，经处理、变换后，即可得到与一次电流成比例的模拟量输出。

实际运用中，将罗可夫斯基空心线圈电流互感器和低功率电流互感器结合。其中，罗可夫斯基空心线圈电流互感器用于对精度要求较低、可靠性要求较高的保护级输出，低功率电流互感器用于对精度要求较高的计量级输出。

2.3.2.2 无源电子式电流互感器结构和工作原理

无源电子式电流互感器包括磁光玻璃式电流互感器和全光纤电流互感器两种。两者的主要区别在于一次侧的传感头，磁光玻璃式电流互感器传感用磁光玻璃，传光用光纤，而全光纤电流互感器传感、传光都采用光纤。传感原理都是基于法拉第磁光效应原理如图 2-12 所示，当一束偏振光通过置于磁场中的法拉第材料（磁光玻璃或光纤）时，线偏振光的偏振面将产生正比于磁感应强度平行分量的旋转，旋转角为 θ。由于磁感应强度与产生磁场的电流成正比，因此旋转角也与产生磁场的电流成正比。

目前，磁光玻璃电流互感器是较为成熟的新型互感器，其传感头结构如图 2-13 所示，通过传感头将偏振面角度的变化转化为光的变化，然后通过光电探测器将光信号转换成电

信号，以反应出被测电流的大小。但在磁光玻璃的选材上，其稳定性和灵敏性是相互矛盾的。全光纤电流互感器通过采用反射式光纤赛格奈克（Sagnac）干涉技术来实现对光信号的测量，即将磁光效应形成的旋转角转换为相位差的形式。赛格奈克干涉技术的运用降低了传感器受振动、环境温度等因素干扰的影响。与有源电子式互感器相比较，全光纤电流互感器虽然具有较好的绝缘性能和测量效果，但现阶段的还处于发展阶段，可实施性较差。

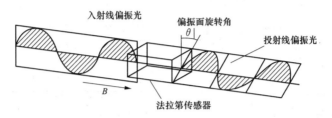

图 2-12　法拉第磁光效应原理图

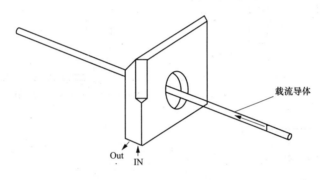

图 2-13　磁光玻璃传感图

2.3.3　电子式电压互感器

2.3.3.1　有源电子式电压互感器结构和工作原理

为降低对绝缘的要求，电压互感器一般会对电压进行分压，根据原理的不同，常见的有电阻分压、电容分压和阻容分压几种方式。分压原理的电子式电压互感器主要是由分压器、电子处理电路和光纤等组成。被测高压信号由分压器从电网中取出，经信号预处理、A/D 变换及 LED 转换，以数字光信号的形式送至控制室，控制室的 PIN 及信号处理电路对其进行光电转换及相应的信号处理，便可输出微机保护和计量用的电信号。

以电容分压为原理的电子式电压互感器为例，为提高电压测量的精度，改善电压测量的暂态特性，在电容分压器的输出端并一精密小电阻，其结构及原理如图 2-14 所示。

利用电子电路对电压传感器的输出信号进行积分变换便可求得被测电压。

2.3.3.2　无源电子式电压互感器结构和工作原理

下面主要介绍基于普克尔原理的电子式电压互感器。

所谓普克尔（Pockels）效应，就是指某些透明的光学介质在外电场的作用下，其折射率线性地随外加电场而变。普克尔效应又称为线性光电效应。

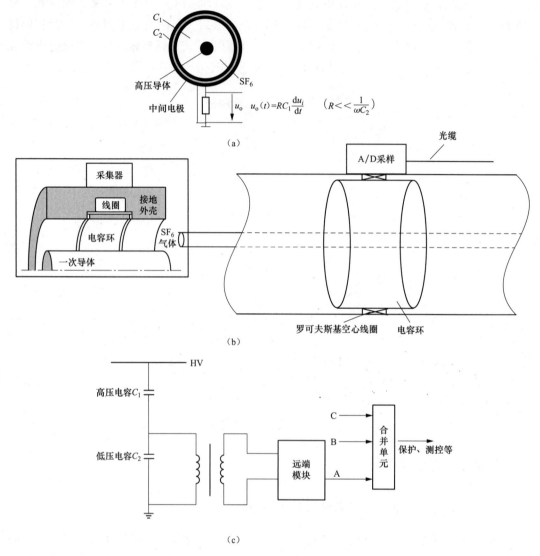

图 2-14　分压原理的电子式电压互感器结构图

（a）原理；（b）结构；（c）硬件组成

在电力系统高电压测量中使用最多的是 BGO 晶体作为电光效应物质。BGO 晶体是一种透过率高、无自然双折射和自然旋光性、不存在热电效应的电光晶体。根据电光晶体中通光方向与外加电场（电压）方向的不同，基于普克尔光学效应的光学电压互感器可分为横向调制光学电压互感器和纵向调制光学电压互感器。

光学电压传感器是利用普克尔光学效应测量电压的，如图 2-15 所示。LED 发出的光经起偏器后为一束偏振光，在外加电压作用下，线偏振光经电光晶体后发生双折射，分裂成振动方向互相垂直的两束光，双折射两束光的相位差的变化转换为输出光强的变化，经光电转换及相应的信号处理便可求得被测电压。

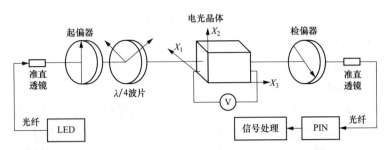

图 2-15 基于普克尔原理的电子式电压互感器原理图

相位差与施加电压的关系为

$$\Delta\varphi = \frac{2\pi}{\lambda}n^3 r_{41}U \cdot \left(\frac{l}{d}\right) = \frac{\pi V}{U_\pi} \tag{2-2}$$

2.3.4 组合型电子式电流电压互感器

组合型电子式电流电压互感器将电流互感器和电压互感器组合为一体，实现对一次电流电压的同时测量。

图 2-16 所示为一种组合型电子式电流电压互感器的传感部分示意图，电流传感器由罗可夫斯基空心线圈构成，电压传感器由一个电容环组成。SF_6 气体绝缘提供了高压导电杆与外壳之间的可靠绝缘，使罗可夫斯基空心线圈与电容环处于低电位，因此可以方便地用复合光纤电缆将电源直接传送至测量电路，解决了困扰有源式互感器的一次侧电路供能问题，同时将一次侧信号通过复合光纤电缆传送至集控室。由于传感器部分没有铁芯和铁磁线圈，因而尺寸上大为减小，测量过程不受磁饱和、剩磁、铁磁谐振等因素的影响，能获得较高的准确度；且因为罗可夫斯基空心线圈和柱状电容环均是成熟的传感器技术，所以也可获得良好的长期运行稳定性。

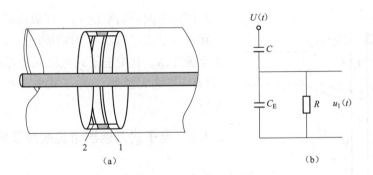

图 2-16 组合型电子式电流电压互感器

(a) 组合式互感器结构框图；(b) 电压传感器等效电路图

1—Rogowski 线圈；2—柱状电容环

C—电容环电容；C_E—电容环对地电容；R—取样电阻；$U(t)$—母线电压；$u_1(t)$—采样电压

电压测量借鉴了电容分压的思想，是通过将一个柱状电容环套在导电杆外面来实现的。柱状电容环的等效电容为

$$C = (2\pi\varepsilon_0\varepsilon_r b)/\ln(R/r) \tag{2-3}$$

式中　b——电容环长度；

　　　R——电容环的半径；

　　　r——导电杆的半径。

考虑到系统短路后柱状电容环的等效对地电容 C_E 上积聚的电荷若在重合闸时还没有完全释放掉，将会在系统工作电压上叠加一个误差分量，严重时将影响到测量结果的正确性及继电保护装置的及时、正确动作；且长期工作时 C_E 将会由于温度等因素的影响而变得不够稳定，因此宜并联如图 2-16（b）所示的一个小电阻 R，以消除这些因素的影响。当 $C \ll C_E$、电阻 $R \ll \dfrac{1}{\omega C_E}$ 时，电阻 R 上的电压 $u_1(t)$ 可近似表示为

$$u_1(t) = R \cdot C \cdot \frac{\mathrm{d}U(t)}{\mathrm{d}t} \tag{2-4}$$

可见，电压传感器的输出电压与系统电压的时间导数成正比，因此必须在测试系统当中的适当地方对输出信号进行相位补偿。

电流传感器是利用罗可夫斯基空心线圈进行电流测量的，如图 2-17 所示。设线圈每匝中心线与导线中心线间的距离为 r，穿过线圈每匝的磁场均为 B_r，且线圈共有 n 匝，每匝的面积均为 S，则可得导线电流 $I(t)$ 与 B_r 的关系为

$$B_r = \mu_o I(t)/(2\pi r) \tag{2-5}$$

感应电压 $u_2(t)$ 与 $I(t)$ 的关系为

$$u_2(t) = -nS \cdot \frac{\mathrm{d}B_r}{\mathrm{d}t} = -\frac{\mu_o nS}{2\pi r} \cdot \frac{\mathrm{d}I(t)}{\mathrm{d}t} \tag{2-6}$$

可见，罗可夫斯基空心线圈的输出电压与系统电流的时间导数成正比，此后也应对 $u_2(t)$ 进行积分。

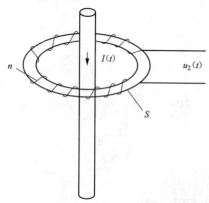

图 2-17　罗可夫斯基空心线圈结构图

国家电网公司系统 110（66）kV 及以上电压等级在运电子式互感器主要应用于 110kV 系统，且多为电流互器。其中电子式电流互感器以有源型为主（只有 1/3 为无源型），电子式电压互感器基本为有源型。

2.3.5　电子式互感器常见故障及典型案例

2.3.5.1　电子式互感器运行中存在的问题

1. 运行常见故障概况

由于电子式互感器属于新兴技术，设计及运行经验不足，所以在运行过程也遇到了不少问题。根据国家电网公司关于电子式互感器的运行故障统计，截至 2011 年 5 月底，2009、2010 年电子式电流互感器故障率分别为 2.47 台次/（百台·年）和 4.91 台次/（百台·年），远远超过同期传统电流互感器的故障率［传统

电流互感器 2009、2010 年故障率分别为 0.0033 台次/（百台·年）和 0.0027 台次/（百台·年）]。2009、2010 年电子式电压互感器故障率分别为 2.67 台次/（百台·年）和 11.37 台次/（百台·年），也远高于同期传统电压互感器的故障率［传统电压互感器 2009、2010 年故障率分别为 0.0062 台次/（百台·年）和 0.0040 台次/（百台·年）]。

（1）电子式电流互感器运行中故障饼状图如图 2-18 所示，主要有：

1）采集单元故障，共发生 69 台次，占电子式电流互感器所有故障类型的 43.9％，是最为突出的故障类型；

2）光纤故障，共发生 25 台次，占比 15.9％，一般发生在全光纤型互感器上；

3）传感单元故障，共发生 24 台次，占比 15.3％；

4）噪声干扰，15 台次，占比 9.6％，主要是隔离开关开合、雷电冲击、操作冲击等原因引起；

5）其他故障，24 台次，占比 15.3％，主要是由于激光供能故障、绝缘受潮或软件问题等原因引起。

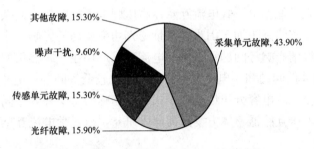

图 2-18　电子式电流互感器故障饼状图

（2）电子式电压互感器的故障类型及其比例如图 2-19 所示，主要有：

1）绝缘问题，它是电子式电压互感器最突出的故障类型，共发生 32 台次，占比高达 61.5％，突出表现为直流分压器故障引起直流系统电压大幅波动，进而影响直流系统的安全稳定运行；

2）采集单元故障，共发生 14 台次，占比为 27％；

3）电磁干扰影响，共发生 5 台次，占比 9.6％；

4）合并单元故障，为 1 台次，占比 1.9％。

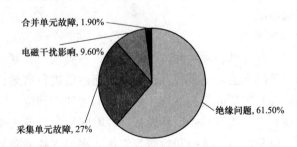

图 2-19　电子式电压互感器故障饼状图

从前面的统计结果可以看出，电子式互感器存在着一些不足之处，其中准确度问题和电磁兼容问题最为突出。准确度问题主要表现在互感器在小电流时准确度超差、温度循环试验时准确度超差等，有些互感器尽管在出厂时进行了准确度的校验，但在运到现场之后误差会发生变化，还需要再次校验。电磁兼容问题则突出表现在隔离开关开合试验项目上，几乎所有类型的电子式互感器在该试验中都出现采集单元或合并单元故障、出现峰值较大的毛刺或直流偏移等问题。

近些年来，电子式互感器在我国的发展应用几经波折，但同时也积累了丰富的经验和技术。总体上可以概括为以下几个方面的问题：长期运行稳定性问题、入网管理及运维问题、标准滞后问题、电磁兼容问题、互感器状态监测、电子式互感器设计问题。

2. 长期运行稳定性问题

电子式互感器中采用了光学器件、电子器件等相对易耗元件。此外，在长期运行过程中，由于光学器件的特性及传感单元中部分元件的性能劣化会引起测量误差。目前电子式互感器的运行年限还较短，缺乏运行寿命方面的统计数据，但其长期运行可靠性问题必须引起高度关注。

（1）技术成熟度方面。电子式互感器技术、方案、材料、制造工艺尚处在不断改进、完善过程之中。激光供能型电子式电流互感器高压侧电子电路较为复杂且受供能影响；磁光电流互感器存在光学传感头加工困难、测量受光功率波动的影响、小电流测量时的信噪比较低、易受环境温度影响等问题；全光纤电流互感器存在光纤器件的非理想偏振特性问题、Verdet 常数的补偿问题和小电流测量时的信噪比较低等问题。电子式电压互感器较电流互感器的成熟度更低，电容分压型的电子式电压互感器易受外界空间杂散电容对电压分压比的影响；光学电压互感器整体方案还需深入研究，与光学电流互感器一样易受外界环境因素的影响。

（2）设备稳定性方面。实际运行中，电子式互感器故障率偏高，易受外部干扰而出现数据异常。电子式互感器处于户外环境的高压线、隔离开关、断路器等强干扰源附近，须经受恶劣气候和不规则强电磁干扰的考验。有源电子式互感器在高压侧含有电子电路，且需要电源支持才能正常工作，但是由于目前的电子式互感器所用电子元器件的电磁兼容标准偏低，导致其抗干扰能力普遍偏低。因光学器件对温度、震动敏感，导致无源电子式互感器的稳定性受温度、振动的影响较大。

（3）运行效果方面。国外生产的电子式互感器中，无源电子式电压互感器运行情况较为稳定，有源电子式电流互感器中远端模块出现故障的概率最大。国内全光纤电流互感器较易出现敏感环损坏的情况。

3. 入网管理及运维管理问题

（1）入网管理方面。存在试验项目和方法不完善，检验项目针对性不强等问题。检测能力不足，检测能力和手段无法对电子式互感器的全面性能进行有效检验。交接验收缺乏统一规范，主要沿用传统互感器的交接标准，导致入网管理不到位。

（2）运维管理方面。电子式互感器运行设备少，时间短，目前尚无相关规程规定指导设备状态特征量获取、设备评价、维护和检修等工作。在出现缺陷和异常时，运行人员无法对故障原因和运行风险进行分析判断，只能依靠厂家的技术支持或采取保守运维策略。运行单位专用校验设备配置不足，且缺乏管理规范，给现场互感器与合并单元联调及定期校验带来困难。

4. 标准滞后问题

运行实践与标准规范方面，电子式互感器制造、验收、检修、运行管理等规程规定缺少或尚需完善。行波故障测距装置需要专门配置能提供快速采样值的采集器和合并单元。电子式互感器用于电能计量尚未得到国家有关部门的认证。

5. 电磁兼容问题

电子式互感器在型式试验中按 IEC 颁布的标准要求进行较完整和严格的电磁兼容（EMC）试验，但是含有电子元器件的电子式互感器在运行情况下直接接入高压回路或内置于一次主设备中，其运行环境的电磁干扰信号远远超过通用的电磁兼容试验标准，特别是在某些电磁暂态过程中，高频的电磁波引起的高能量、高频率大电流和地电位升高等问题将严重影响电子式互感器中电子元件的正常工作，可能造成其误报、死机甚至器件损坏，从而影响变电站安全运行。尤其是从安装方式上来讲，GIS 型和套管型电子式互感器由于体积和质量比常规互感器小很多而日益受到欢迎，其安装位置更加接近隔离开关等操作元件，长时间、近距离运行在恶劣的电磁环境中，其抗电磁干扰能力必须受到特别关注。

相对于传统互感器近一个世纪的运行实践经验而言，电子式高压电力互感器还只是一个新生事物，在其可靠性分析、使用寿命预计、连续运行数据分析及电磁兼容等方面，有待深入地开展工作。因而，在试运行乃至正式运行过程中，对高压互感器尤其是高压电流互感器的工作状态进行监测，在系统失效前提出警告，实时预告系统的故障，能够在积累宝贵经验的同时，大大提高系统的可靠性。目前，电子式互感器的状态监测技术尚不成熟。

2.3.5.2 电子式互感器故障典型案例

某 220kV 智能变电站某 GIS 电子式电压互感器 A 套合并单元报警，出现"远端模块异常"、"光纤光强异常"及"板 2RX3 丢帧"等信号，并且告警信号不停地动作/复归，现场检查后发现 A 套合并单元 C 相电压不能采集。

异常信号出现后，对该电子式电压互感器各组成部分进行逐项排查，情况如下：

（1）因该异常现象影响所对应后备保护的距离保护功能，所以申请退出该套保护的距离保护后，进行排查。

（2）查看合并单元，发现板 2RX3 接收电平为 200mV，为中断状态。

（3）检查光纤传输通道。该站光纤主要由当时施工方施工，备用芯在户外终端盒处。检查终端盒处的光纤接头，该光纤为多模光纤，光纤接头为压接形式。此种连接方式不可靠，运行一段时间后可能导致压接的光纤接头衰耗变大，从而引起信号丢失。

其中主芯没有红光发出，备用芯有红光发出，更换备用芯后异常消失，且数据电平为 1676mV，满足要求。同时该相电压值以及三相电压的相角均恢复正常。现场观察半小时后未再发生异常告警。

（4）继续检查主芯，将光纤接头剪断观察，仍没有红光发出。

（5）由于当时现场未停电，不能对终端盒进行检测。故推断远端模块光口 1 可能损坏或者远端模块至终端盒之间的光纤有问题（包括远端模块端光纤接头存在异常或终端盒内部熔点存在异常）。

（6）该间隔停电后对电子式电压互感器进行例行试验，无异常。

（7）该间隔停电后对压接式光纤接头进行衰耗测试，数据为－46dB～－58dB，远远超出直连光纤衰耗不大于－3dB 的要求，全部换成多模尾纤后测量数值为－0.9dB～－2.9dB，满足要求。

当该电子式电压互感器发生异常时，相应合并单元不能正常反映该间隔的电压模拟量，导致对应的保护装置 PT 断线，闭锁该套保护装置的距离保护，同时带方向的零序保护自动退出，当发生故障时，有可能造成距离保护拒动和零序保护的误动。严重影响设备的安全稳定运行。

从此例电子式电压互感器运行过程中发生的异常现象可知，对于通信环节的差错控制也应予以重视。由于电子式电压互感器增加了合并单元、交换机等通信环节，总线式通信线路简化了大量并行接线，但同时又将多重信息"系于一线"，通信系统的任何差错都会造成继电保护体系的故障。

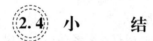

2.4 小　结

本章对变电站中重要的智能一次设备的基本结构进行了介绍，分析了各一次设备常见的故障类型，对各设备的典型故障案例进行了分析。智能一次设备具有测量数字化、控制网络化、状态可视化、功能一体化和信息互动化等特征，是智能变电站功能实现的基础。

第3章

智能变电站的在线监测

  3.1 **变压器的在线监测**

根据变压器各种故障产生的原因及故障可能造成的影响，确定的变压器监测参数包括：

(1) 绕组：电压、电流、热点温度、变形。

(2) 油箱：油温、油压、油中气体含量、油位、油含水量、负载电流。

(3) 局部放电：铁芯接地线电流、放电、内部振动。

3.1.1 对绕组的监测

3.1.1.1 监测项目

(1) 电压。智能变压器在运行过程中各绕组的工作电压需要反映到智能化单元 (transformer intelligent electric device，TIED)，这是评估自身运行状态的重要参数之一，变压器承受的电压、电压谐波、过励磁状态、传输容量计算、调压过程监测都需要通过电压分析计算。

(2) 电流。智能变压器在运行过程中各绕组工作电流的稳态或暂态量必须实时反映到智能化单元，用于评估自身的运行状态，分析变压器负荷、电流谐波、调压过程监测等。

(3) 热点温度。配电变压器在运行中的事故率约为13%，其中因绕组超温运行导致绝缘老化和变压器绕组烧毁、击穿事救占相当大的比例。变压器温度保护这里是指对变压器绕组温度进行监测，从而控制绝缘绕组绝缘老化，防止绕组烧毁。绕组温度除了与流经它的电流大小、绕组自身的损耗直接有关外．还与变压器运行时的环境温度、通风状况、铁芯损耗发热、绕组内部环流大小、匝间短路和变压器产品的设计合理有关。在顶层油温处于正常水平的情况下，绕组的热点温度可能已发生局部过热。绕组过热一方面会造成该处油的分解，另一方面还会造成该处局部绝缘累积性的老化（多次重复过热），最终将导致绝缘击穿而损坏变压器。变压器绝缘运行寿命一般认为应遵循六度法则：年平均温度为98℃时具有正常寿命，当超过或达不到98℃时，每上升或降低6℃，则变压器寿命降低一半或延长1倍，见表3-1。因此绕组热点温度是变压器负载的最主要限定因素。

表 3-1 变压器的相对热老化率和温度之间的关系

热点温度（℃）	相对热老化率	热点温度（℃）	相对热老化率
80	0.125	116	8.0
86	0.25	122	16.0
92	0.5	128	32.0
98	1.0	134	64.0
104	2.0	140	128.0
110	4.0	—	—

（4）变形。绕组是发生故障较多的部件，而绕组的变形和松动是造成绕组故障的主要原因之一。DL/T 911—2004《电力变压器绕组变形的频率响应分析法》对绕组变形的定义是：电力变压器绕组在机械力或电动力作用下发生的轴向或径向尺寸变化，通常表现为绕组局部扭曲、鼓包或移位等特征。绕组变形或松动后，绝缘强度降低，变压器遭受过电压时容易发生匝间、饼间击穿，造成变压器事故。若仅为不至于影响变压器正常运行的绕组轻微变形，当再次或多次遭受短路事故冲击时，由于变形的累积效应，变压器也可能在后继的不太大的短路电流或过电压作用下，甚至在正常运行条件下发生损坏事故，给电力系统的安全运行造成极大的安全隐患。

3.1.1.2 监测方式

1. 对绕组电压的监测

在变压器内部或本体上集成电压传感器，具体传感器形式可不限制，有电磁式、电容式、光电式等，目前可采用技术成熟的检测方法。传感器获得的低压模拟信号直接接入，数字化后作为 TIED 的分析输入参数或打包通过网络向系统传送的信号。传感器无论采用电磁式或电容式，其容量与传统 TV 相比都很小。在满足精度和信噪比要求的前提下，仅供 A/D 转换用，低压侧小于 1mA 即满足要求。

2. 对绕组电流的监测

在变压器内部集成电流互感器，具体形式不限制，有电磁式、电子式、光纤式等。目前套管 TA 技术成熟，而且数字化后 TA 的容量很小，目前还应以这种形式为主，在变压器本体安装优于其他形式。从套管 TA 获取的模拟电流信号（0～10mA 或 0～5mA）直接送 TIED 数字化作为 TIED 的分析输入信号，或打包通过网络向系统传送。与电压信号类似，电流信号本地直接数字化，在满足精度和信噪比要求的前提下，容量可以很小。

3. 对绕组热点温度的监测

目前使用光纤传感技术测量智能变压器绕组热点温度主要有三种测量技术，荧光式测量、半导体式测量和光纤光栅测量。

（1）荧光式测温。荧光式测温方法是在光纤末端加入荧光物质，经过一定波长的光激励后，荧光物质受激辐射出荧光能量。由于受激辐射能量按指数方式衰减，衰减时间常数根据温度的不同而不同，通过测量衰减时间，从而得出测量点的温度。由于衰减时间常数的计算是通过荧光物质受激辐射后的光强测量而换算得到的，而光强受光纤弯曲所产生的光损耗、光纤接头处的插入损耗及外接光缆的光损耗等因素影响，从而导致衰减时间常数计算误差。

（2）半导体测温。半导体测温原理是在光纤末端加入砷化钾晶体，当光源发出多重波长的光照射到砷化钾晶体时，该晶体处于不同的温度会吸收部分波长的光，同时将剩余不能吸收的波长的光反射回去。通过检测反射光的频谱，从而换算出测量点的温度。半导体测温由于测量的是光的频谱，不是光强，因此测量不受光功率影响，但是在实际操作过程中，光路的变化（如光缆的重新布置，传感器的重新焊接）会严重影响测温的准确性，还须重新定标，确保温度测量的准确性。同荧光式测温技术一样，温度敏感组件都是处于光纤的末端，单根光纤只能接一个传感器。

（3）光纤光栅测温。光纤光栅是在光纤上制作的、只反射特定波长的光传感组件。该器件反射的波长与温度具有优异的线性关系，光纤光栅反射波长和温度线性拟合的决定系数可达 99.99%，通过测量光纤光栅反射回的光的波长，即可换算出测量点的温度。在单根光纤上的不同位置可以刻写不同波长的光纤光栅传感器，每个传感以光纤光栅刻写时的光反射波长为其编码，通过波分复用技术，从而在单根光纤上实现最多可达 20 个光纤光栅传感器的串联。

（4）三种光纤测温技术的比较见表 3-2。

表 3-2　　　　　　　　　　　　三种光纤测温技术的比较

项目		光纤荧光测温	光纤半导体测温	光纤光栅测温
测温主机	测点数量	2/4/6/8 个点	2/4/6/8 个点	几百个点
	测温数量	$-30 \sim 200℃$	$-40 \sim 225℃$	$-40 \sim 300℃$
	测量精度	$\pm 2℃$	$\pm 1℃$	$\pm 1℃$
	测量原理	受光强度的影响	不受光强度的影响	不受光强度的影响
温度探头	耐压水平	$>50kV/mm$	$>50kV/mm$	$>50kV/mm$
	测量距离	20m	20m	可达 20km
	光纤类型	$500\mu m$ 复合型光纤	$200\mu m$ 复合多模光纤	$160\mu m$ Polyimide 单模光纤
	温度传感器寿命	20 年	20 年	30 年
应用	单根光纤传感器数量	1 个	1 个	最多 20 个
	传感器组网	拓扑单一，无冗余	拓扑单一，无冗余	传感器可串、并联

通过以上比较，现在一般采用光纤光栅温度传感器来监测绕组热点温度。

（5）光纤光栅温度传感器的测量方法和安装工艺。光纤测温是通过预埋在绕组上的多个光纤光栅温度传感器探头实现测温的，将光纤测温触头粘贴在绕组上。高压绕组紧邻位置放置两个光纤光栅温度传感器，低压绕组紧邻位置放置两个光纤光栅温度传感器。这样设置传感器的理由一方面可以评估绕组的热点温度；另一方面可以比较在绕组的紧邻位置，两个传感器测量的温度是否有较好的一致性。

光纤光栅温度传感器测绕组温度的工作原理如图 3-1 所示。

光纤光栅温度传感器测绕组的温度还存在很多问题，有待进一步完善和探讨。

1）探头预埋在绕组上，目前需要在变压器线圈绕制过程中预埋，工艺难度较大，且线圈绕完后需要经过多道工序处理（整形、干燥、吊装等），进入总装后还有多道工序才能完成整体装配。光纤细而强度低，在此过程中很容易损坏。

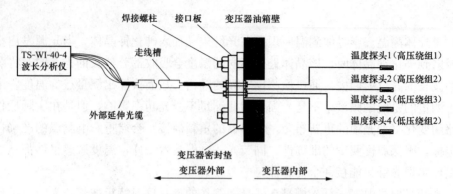

图 3-1　光纤光栅温度传感器测绕组温度的工作原理图

2）光纤探头测量的是单点温度，预埋的位置是设计人员根据计算评估确定的，很难与实际热点温度吻合。

3）光纤在变压器绕组内部受振动、温度、油浸等多种因素影响，寿命和精度都很难保证。由于在线圈内部，损坏后根本无法修复或更换。有些在 3～5 年后基本都退出运行了。

4）变压器内部属于高电压、高磁场环境，测温触头必须绝缘、耐高压、耐油，且要在高温下长时间稳定工作，因此，对测温触头封装材料的选择是该种传感器类型的设计重点，在光纤外层用聚四氟乙烯套管进行封装。光纤光栅外部用绝缘纸做成的纸压板进行封装，绝缘纸耐高温高压耐油且导热，纸压板强度高，稳定性好且无应力，可保护传感器不受外部力量挤压而导致波长变化。

总之用光纤测量绕组热点温度是发展趋势，但需要在测量方法和安装工艺上进行改进，才能进入实用阶段。

4. 对绕组变形的监测

变压器需要监测绕组变形情况，目前还没有带电在线监测手段。非带电检测绕组变形也处于评估水平，如频响法、阻抗法、高压脉冲法等。这些手段也仅限于非带电评估检测。真正的绕组变形检测需要内置传感器，可以考虑采用光纤检测绕组变形。

3.1.2　对油箱的监测

3.1.2.1　监测项目

1. 油温

大型电力变压器油温过热问题是运行和制造部门都十分关注并亟待解决的重要问题之一。变压器运行中执行的一个基本原则是要尽可能地实现对用户连续供电。此时，变压器油的热点温度如超过允许限值，不仅会影响变压器使用寿命，还将对变压器安全运行造成威胁。因此，一般在变压器内部或本体上集成温度传感器，监测油面温度、油箱底部温度和环境温度。

2. 油压

当变压器在运行过程中由各种原因导致内部发生放电，继而引发电弧时，变压器油将产生大量气体，使油箱内压力突增，如不进行及时报警和保护，变压器就可能遭到破坏。智能变压器油箱内部的油压需要通过传感器以模拟信号或数字信号的形式反映给 TIED。同时还要保留气体继电器的触点信号（轻瓦斯和重瓦斯），油压如果采用模拟传感器，可在 TIED 内直接量化，也可通过 A/D 转换层量化。

3. 油中气体含量

油中溶解气体分析（dissolved gas analysis DGA）根据 CH_4、C_2H_6、C_2H_4、C_2H_2、H_2、CO、CO_2 等气体在油中的浓度及其产气速率，能够判断油纸绝缘电器设备的运行状况并进行故障诊断。当变压器内部出现故障时，无论是过热故障还是放电故障，都会使油的分子结构遭受破坏，从而裂解出大量的氢气。因此油中的氢气可作为预测变压器早期故障的指示气体。除氢气之外。还会伴随一定量的可燃气体，如甲烷、乙烷、乙烯、乙炔、CO 和 CO_2 等。可燃气体的主要来源是绝缘油和固体绝缘，这些材质都是有机绝缘材料。它们在经受电气、热、氧和水的作用之后，其材料的分子结构很容易发生裂变。例如，变压器油在 500℃以上会释放出 H_2 和 CH_4。而在老化作用下，绕组热点、绝缘导线、绝缘纤维部件等都会产生 CO 和 CO_2。在电弧烧伤变压器部件和材料的情况下，会产出很多的 H_2。局部放电也会产生 H_2 和 C_2H_2 特征气体。变压器从出厂到投入运行的过程中，可燃氧气与运行时间存在一定的变化规律，有人将这一变化规律称为变压器油中溶气分析的"指纹"。如果发现某台变压器油中溶气含量出现了非正常变化，则预示着变压器内部存在着由故障所形成的特征气体产气源。因此，监测变压器气体总量的变化，对指示变压器初期故障十分有效。油中溶气在线监测的特点是可连续观察气体产生的动态发展趋势。它通过及时发现超出极限范围的特征气体，来发现并捕捉故障信息。

消除并避免灾难性隐患是状态维护的有力手段。每种故障发生时其特征气体并不相同，在判定电磁故障时，往往借助 H_2、CH_4、C_2H_6、C_2H_2、CH_4、CO 和 CO_2 的浓度和两种气体的浓度比值。判定机械故障还要借助传感器监测的超声波信号。

特征气体与变压器内部故障的关系见表 3-3。

表 3-3　　　　　　　　　　特征气体与变压器内部故障的关系

特征气体	内部故障	特征气体	内部故障
H_2 含量高，总烃不高，CH_4 含量为总烃的主要成分，有微量 C_2H_2	油中电晕	C_2H_4、H_2、CO、CO_2 及总烃含量较高	绝缘局部过热或固体绝缘散热不良
C_2H_2 含量高，总烃和 H_2 含量较高，CH_2 含量为总烃的主要成分	高温电弧放电	总烃高，H_2 及 C_2H_2 含量均较高	油中裸金属过热并有电弧放电，固体绝缘
总烃及 H_2 含量较高，但 C_2H_2 含量未构成总烃的主要成分	高温热点或局部过热	总烃不高，H_2 含量大于 $100\mu L/L$，CH_4 含量占总烃主要成分	局部放电

4. 油位

变压器的油位在正常情况下随着油温的变化而变化，因为油温的变化直接影响变压器油的体积，使油标内的油面上升或下降。

5. 油含水量

变压器油中水分的来源主要是外部水分的侵入和绝缘油内部发生反应产生的水分，尤其是绝缘油在运行过程中由于内部汽化及热裂解作用生成的水分，在超温并有溶解氧存在的情况下，氧化作用加快，生成的水分也更多。变压器油中含有过量的水分会加速绝缘材料的老化，降低绝缘强度，极端的情况下在线圈中会引起电弧和短路，增大设备失效的可能性。

3.1.2.2　监测原理

1. 油箱油面温度的监测原理

变压器油面温度的异常变化，可以反映出变压器的过热故障，可以采用红外温度传感对变压器上层油温进行监测。

红外传感器温是近十几年发展起来的新型测温技术，它的主要特点是进行远距离、非接触测量，特别适合于带电体、高温及高压的变压器温度测量，且测温反应快，灵敏度高，准确度高，使用安全，使用寿命长。现今红外传感器测温技术已广泛应用于监测、故障检测、安全保护和节约能源等方面，其测温范围覆盖变压器从低温到高温的过热故障。红外传感器测温原理是通过测量变压器所辐射出来的全波段辐射能量来确定其温度。它遵从斯蒂芬-玻尔兹曼定律。变压器（过热）的温度愈高，辐射能量就愈大。从定律分析，需用绝对黑体接收被测对象发出的所有波长的全部能量，来对应被测对象的绝对温度。常用测量变压器温度的红外传感器是接收目标辐射，并转换为电信号的器件。通过红外传感器测量物体自身辐射的红外能量，就可准确测定变压器油面的温度。

红外传感器测温示意图如图 3-2 所示。

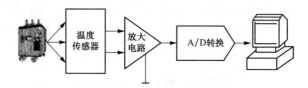

图 3-2　红外传感器测温示意图

2. 油箱内部温度的监测

在对变压器油温进行监测时，要求温度传感器的测温范围为 $-30 \sim +200℃$，体积小（要将传感器放置在变压器箱体内），且能承受住变压器热油环境的侵蚀，一般选择接触式的铂热敏电阻传感器。

与其他温度传感器相比，热敏电阻温度传感器具有以下优点：

（1）温度系数大、灵敏度高、响应时间迅速，而且体积小、寿命长、价格便宜。

（2）热敏电阻传感器本身电阻大，可以不用考虑引线长度带来的误差，适于远距离的测量和控制。

（3）热敏电阻传感器能够耐湿、耐酸碱、耐热冲击、抗振动，可靠性和稳定性都很高，能承受住变压器热油环境的侵蚀，非常适宜用于变压器热油的苛刻环境。

热敏电阻传感器不仅要传递变压器内部的温度信号，适应各种苛刻的化学环境，而且还应不受变压器高压及电磁干扰的影响，并且又长期浸泡在绝缘油中，因此要选用聚四氟乙烯与凯弗拉尔制成光纤外套。

3. 对油压的监测

智能变压器油箱内部的油压一般通过传感器以模拟信号或数字信号的形式反映给 TIED，同时还要保留气体继电器的触点信号（轻瓦斯和重瓦斯）。测量油压时采用模拟传感器，可在 TIED 内直接量化，也可通过 A/D 转换层量化，目前一般采用气体继电器＋模拟压力传感器。

智能变压器油压监测示意图如图 3-3 所示。

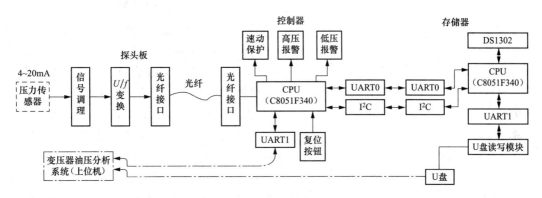

图 3-3 智能变压器油压监测示意图

4. 对油中气体含量的监测

油气分离和气体检测单元是在线监测装置本体的主要部分，它决定着检测数据的准确率和灵敏度。诊断装置的智能化程度是衡量实现诊断故障性质、种类、程度及预测发展趋势的关键。

油中气体监测原理如图 3-4 所示。

（1）油气分离的方法。一般采用薄膜透气法（某些聚合薄膜，具有仅让气体透过而不让液体通过的性质），即将薄膜安装在气室入口处，膜的一侧是变压器油，另一侧是气室。油中溶解的气体能透过膜自动渗透到另一侧的气室中。同时，已渗透的自由气体也会透过薄膜重新溶解在油中。在一定的温度下，经过一定时间后，变压器油达到动态平衡。此时，在气室中给定的某种气体的浓度保持不变，并与溶解在油中的该气体的浓度成正比。

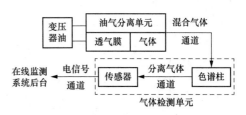

图 3-4 油中气体监测原理图

用于油气分离的高分子膜必须具有如下性能：

1）耐油，耐水，耐一定程度的高温。

2）有一定的机械强度，能在长期运行中不变形、不破裂。

3）透气率高。

因此，用于油气分离的高分子膜，一般选用聚四氟乙烯薄膜。

（2）油中气体的监测方法。

1）传统气象色谱法。精度高，能准确分析多种气体含量，但用于在线监测，结构复杂、故障率高、消耗载气、色谱柱寿命短。

2）光声光谱法。精度适中，可分析多种气体，但对环境要求高，稳定性一般，但不需要载气和耗材。

3）燃料电池法。仅能反映综合气体，且以氢气为主，精度一般。

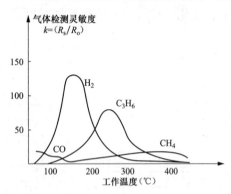

图 3-5 气体传感器的交叉敏感特性

R_0—空气浓度为零时的电阻；

R_s—含有待测气体时的电阻

4）气体传感器法。多种传感器，分别检测不同气体成分。目前传感器主要有半导体气体传感器、固体电解质气体传感器、接触燃烧式气体传感器、电化学式气体传感器、光学式气体传感器、高分子气体传感器。这些气体传感器都存在交叉敏感，虽然可以检测多种不同的气体，但是对气体的选择性差。这种非单一一选择性是由其敏感机理所决定的，虽然可以采用一定的方法（如添加适量的贵重金属 Pt，Pd 等）改善其选择性，但仍然会对其他气体有一定的敏感度。气体传感器的交叉敏感特性如图 3-5 所示。

5）气体传感器阵列法。国内外许多研究工作者都正在研究把气敏元件与智能技术相结合构成阵列式智能气体传感系统。实现阵列式智能气体传感系统的一种途径是采用多个具有不同选择性的气敏传感器组成传感器阵列，通过模式识别技术进行气体组分分析与浓度识别。这样可以解决通常情况下气体传感器由于交叉敏感问题而导致的对混合气体的测量结果不准确问题，从而能更有效地实施对变压器油中溶解气体的微机在线监测。阵列式传感系统混合气体分析原理如图 3-6 所示。

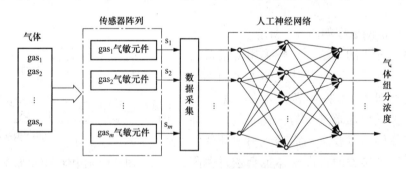

图 3-6 阵列式传感系统混合气体分析原理图

5. 对油含水量的监测

变压器油中微量水分的检测属于湿度中的低湿段测量，因而要求传感器在低湿段（0～30%RH）应具有良好的测量精度和灵敏度。高分子电容式湿度传感器是目前环境湿度检测的主流，并且是唯一可以在 0～100%RH 相对湿度范围内进行全程检测的传感器，而且变压器中恶劣的热油环境是对湿敏器件的严峻考验。目前湿度传感器中，高分子电容式传感器可以在高温、高压中使用，特别是以聚酰亚胺（PI）湿敏材料制作的传感器。这类传感器的感湿膜的介电常数能随湿度发生变化，从而通过测量电容量的变化就可测量湿度。

聚酰亚胺高分子电容式湿度传感器结构如图 3-7 所示。

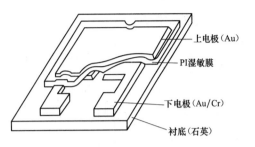

图 3-7 聚酰亚胺高分子电容式湿度传感器结构

上电极（Au）
PI湿敏膜
下电极（Au/Cr）
衬底（石英）

3.1.3 对局部放电的监测

变压器局部放电是当变压器被加上高电压后，其绝缘结构由于电场分布不均匀、局部电场过高等，引发的局部范围内的放电。电场分布不均匀的原因可能是由于设备制造过程中间产生的导体尖端或毛刺，也可能是绝缘体内部或界面存在气泡、裂纹、杂质，或是绝缘系统由多种介质的复合组成。局部放电可能出现在绝缘体内部、绝缘体与导体的界面上，以及绝缘体表面。虽然局部放电一般不会引起绝缘的贯穿性击穿，但可以导致电介质局部损坏。若局部放电长期存在，在一定条件下会导致绝缘劣化甚至击穿，诱发变压器故障产生。局部放电是造成绝缘故障的重要原因，因此对变压器进行局部放电在线监测具有重要意义。

1. 对铁芯接地线电流的监测

变压器铁芯在通过变化磁场传输能量的过程中会感应出电流，当铁芯要求接地时，这部分电流则会通过接地线流向地，被称为接地电流（含电容式耦合电流）。变压器正常运行时，因无电流回路形成，该电流是很小的，根据变压器结构的不同，铁芯接地电流在几毫安至几十毫安，一般要求变压器铁芯接地电流应在 100mA 以下。

变压器正常运行时，带电的绕组与油箱之间存在电场，而铁芯处于该电场中。由于电容分布不均，场强各异，如果铁芯不可靠接地，则将产生充放电现象，破坏固体绝缘和油的绝缘强度，所以铁芯必须有一点可靠接地。

如果铁芯有两点或两点以上（多点）接地时，接地点间就会形成闭合回路，它将交链部分磁通，感生电动势，并形成环流，产生局部过热，甚至烧毁铁芯，发生变压器铁芯多点接地故障。根据接地点的位置不同，流过铁芯接地线的电流各不相同，可达到几安培至几十安培。目前，大中型变压器普遍采用铁芯和夹件分别引出接地的方式。

通过检测铁芯接地线中的电流能有效地发现铁芯多点接地故障，并可根据铁芯接地电流的大小及油色谱初步判断接地点位置。因此可以通过电流传感器对铁芯接地电流进行监测，监测一般采用有源零磁通电流传感器。

当变压器出现铁芯硅钢片间绝缘损坏、铁芯多点接地或铁芯接地片断裂等现象时，铁芯会产生大量的热，导致与其接触的绝缘物质损坏，甚至烧毁整个变压器。因此可以利用光纤 Bragg 光栅测量变压器铁芯温度的传感器，通过在变压器铁芯柱上预留的线槽，将套有陶瓷套管的光纤 Bragg 光栅温度传感器安装在变压器铁芯上，当铁芯的温度发生改变时，与其接触的光纤 Bragg 光栅的温度也随之改变，导致光纤 Bragg 光栅中心波长移位，从而实现对变压器铁芯温度的测量。

2. 对高频信号的监测

同传统的检测方法相比，高频检测技术具有检测频率高、抗干扰性强和灵敏度高等优点，更适合局部放电在线监测。它通过接收电力变压器局部放电产生的特高频电磁波，实

47

现局部放电的检测和定位。

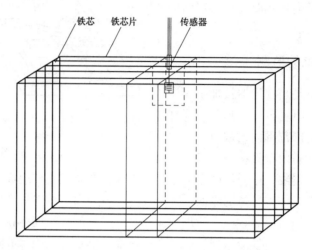

铁芯 铁芯片 传感器

图 3-8 利用光纤 Bragg 光栅测量变压器铁芯温度的传感器

（1）脉冲电流法。通过视在放电量衡量变压器的放电水平，是目前变压器出厂试验和验收试验所指定的方法，校验和检测都有相应的标准。脉冲电流法检测传感器安装在套管末屏或铁芯（夹件）接地线上，检测频段在 20～400kHz，如何克服现场干扰是脉冲电流法用于变压器在线监测的关键问题，随着滤波和放电信号识别算法的改进，其实用性逐步提升。

（2）超高频（或特高频）法。这是为克服现场干扰问题而开发的一种方法，频带在 20～1500MHz 之间，通过高频天线接收某个干扰小的频段信号，检测放电量。这种方法用于变压器局放在线监测还存在以下问题：

1）高频信号尤其是特高频，传播衰减很快，受被测设备结构影响很大，变压器内部主要是金属部件，监测天线无论装在什么位置都存在监测盲区。

2）定量困难，不但关系为非线性，而且受放电位置影响很大，目前没有相应转换标准。

3）安装困难，在变压器上需要开安装孔，对高压变压器内部油质有影响。超高频传感器一般分置安装，在变压器箱壁上选定 2～4 个重点检测部位，安装平板型高频接收天线，天线组件与箱壁通过法兰连接，外部设传感器安装法兰。

（3）超声法。由于局放信号声电传输速度差明显，目前主要用于局放定位。与超高频法类似，超声法存在定量困难、检测有盲区等缺点，但受各种电信号干扰小。

采用超声法监测时，智能变压器超声检测传感器采用内外结合放置，无源部分内置，与在法兰端盖设计为一体，安装在变压器箱壁的预留法兰上。内置部分与变压器本体同寿命，也可在大修时更换。

3. 对内部振动的监测

电力变压器稳定运行时，硅钢片的磁致伸缩会引起铁芯振动，线圈在负载电流下的电场力也会引起绕组振动。绕组及铁芯的振动通过变压器器身和油传递到变压器的油箱，引起油箱的振动。变压器箱壁和油压的振荡信号与变压器的内部结构变化密切相关。

振动分析法通过分析变压器油箱表面的振动传感器的信号变化，来监测变压器内部铁芯和绕组的压紧状况、位移及变形状态。绕组预紧力的变化可以通过振动加速度值反映出来，特别是当固有频率接近电动力强迫振动频率时，加速度值会非常大，因此可通过测量绕组甚至变压器的振动加速度值，将正常预紧力的振动信号作为标准及判断依据，用作绕组松动故障的判断。一般变压器处于相同分接位置时，铁芯振动在空、负载及负载变化时基本不变。因此，铁芯无故障情况下，通过分析变压器油箱表面振动信号基频幅值的变化情况，可判断绕组是否存在变形或松动。振动传感器一般选用集成电荷放大器的压电式加速度传感器，将振动加速度信号转换与之成正比的电压信号。

3.1.4 变压器安全监测系统的结构

智能变压器安全监测系统主要由数据采集层、通信管理层、站端控制层、远方监控与数据采集管理层等主要部分组成，如图3-9所示。

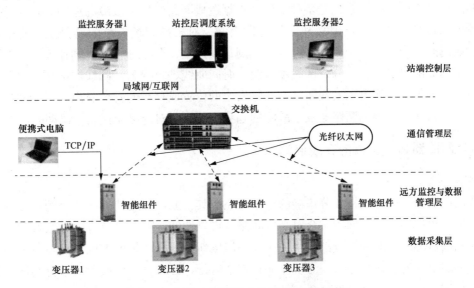

图 3-9 智能变压器安全监测系统整体框图

（1）数据采集层主要包括油中溶解气体在线监测、油中微水在线监测、套管绝缘在线监测（含环境温湿度监测）、局部放电在线监测、温度负荷等单元在线监测，实现对变压器油溶解气体，油中微水，局部放电，变压器铁芯和夹件电流，套管绝缘介损、电容值、泄漏电流值、温度负荷趋势、油温、油位状态等的在线监测功能。

（2）通信管理层的主要功能是完成主控计算机与各在线监测单元、用户之间进行数据交换，它是各设备之间数据交换的通信枢纽，具有多串口、多网络、多规约的特点，且具有很好的可扩充性和可维护性。

（3）站端控制层主要是完成变电站内在线监测设备的控制及监测数据的显示与管理。

（4）远方监控与数据采集管理层是区域性的管理中心，可以实现下属所有变电站在线监测系统的数据采集与处理、现场监测单元的参数远程配置、远程的故障诊断功能。

3. 2 智能断路器的在线监测

电力系统中，高压断路器数量多，检修量大，检修费用高。对断路器的重要参数进行长期连续的在线监测，不仅可以准确实时地反映设备现在的运行状态，而且还能分析各种重要参数的变化趋势，判断故障发生的先兆，预测断路器的使用寿命，为断路器的检修决策提供依据。

随着传感器和计算机技术的发展，断路器的状态监测方式有了很大变化，断路器的状态监测参数也有了很大的扩展。国内外正在研究的断路器性能监测参数主要有以下几个：SF_6 气体压力的检测；分合闸操作过程中的行程、时间特性曲线，断路器的机械振动信号，动、静触头烧损情况的监测；绝缘监测；合、分闸线圈回路的线路完整性监测等。

断路器的动作是由操动能源和一系列的传动机构联合完成的，由于其组成结构复杂，造成断路器发生故障的因素也是多种多样。根据造成断路器发生故障的原因，可以将影响断路器的因素分为机械特性因素和电气特性因素。对机械特性参数的监测主要有合闸时间、分闸时间、合（分）闸速度、合（分）闸最大速度、合（分）闸平均速度等，对电气特性参数的监测主要有合（分）闸线圈电流—时间曲线、合（分）闸线圈电压—时间曲线等。对机械参数的监测可以发现断路器故障发生的位置或存在的安全隐患，对断路器电气特性参数的监测可以预测断路器发生故障的趋势，特别是对断路器拒动、误动的诊断。

3. 2. 1 断路器机械特性的在线监测

1. 在线监测参数

高压断路器依赖其机械部分正确的动作来完成其功能，因此其机械部分的可靠性是非常重要的。根据国际大电网研讨会对高压断路器可靠性的调查，以及我国电力科学研究院对高压断路器事故统计的分析都表明，80％的高压断路器故障是由于机械故障造成的。因此，断路器在新安装或检修后，为了保证其安全运行，必须对其机械参数进行测试。断路器部分机械特性参数的释义见表3-4。

表 3-4 　　　　　　　　　　　　　断路器部分机械特性参数的释义

参数	释义
分（合）闸时间	断路器从得到分（合）闸指令到三相触头都分离（合上）瞬间所经历的时间
分（合）闸同期性	断路器触头首相分（合）开始到三相都分（合）所经历的时间
触头行程	动触头从开始运动到运动结束而停止的这段时间走过的路程
超程	动触头运动的最大行程位置与运动停止时位置之间的距离
刚分（合）速度	动触头在分（合）闸过程中与静触头刚分离（接触）时的速度
分（合）平均速度	指动触头在分（合）闸过程中，运动全程的平均速度
分（合）最大速度	分（合）闸全过程中的最大速度
触头开距	断路器处在分闸位置时，动、静触头之间的距离

断路器的分闸时间过短、速度过快，会加强开关分闸时的弹振，使分闸过冲变得严

重。开关波纹管的振动及压缩也会因此受到严重影响，使其过早产生漏气。此外，分闸速度过大，开关的整体振动也会加大，将为开关零部件的损坏埋下安全隐患。

断路器的合闸时间短、速度高，将使预击穿时间缩短，开关触头的电磨损量减小，使由于预击穿期间的不稳定火花放电造成的重复脉冲电压发生的可能性降低。若合闸时间长、速度低，则波纹管的振动减小，断路器关断过程中的弹跳容易控制。

如果断路器的刚分速度不达标，会使燃弧时间加长，电弧能量的释放加大，可能烧毁触头，在供配电网出现故障时，使故障范围扩大，不仅对电力设备产生严重的损害，而且还会导致灭弧室中真空压力加大，如果电弧不能及时切断，会造成断路器拒分。如果刚分速度超过预定指标，也会对开关的灭弧造成不利影响，如开关灭弧室的机械强度不足以承受的情况下就会产生爆炸，还有可能发生在电弧还未完全熄灭的情况下动触头完全脱离灭弧室的现象，从而引起开关爆炸。

如果断路器刚合速度达不到指定速度，机构的操作功率达不到，由于断口间存在分布电压，当动、静触头达到一定距离时，即产生预击穿，触头间会产生电弧，此时开关的关合电流很大，严重时会烧毁触头，甚至会出现触头烧焊事故，对下一次分闸操作带来困难。强大的电动力也会随着预击穿的出现而产生，刚合速度会进一步下降，导致其关合位置不到底，甚至会产生爆炸现象。

若断路器的合闸过程超过预定时间时，则断路器的预击穿时间随之增长，当短路故障在此刻发生时，由于电流的热效应，会使触头严重烧损。若合闸过程达不到预定时间，则合闸速度的提高会使运动部件动量提升，合闸弹跳发生的概率增大。

断路器的触头开距和断路器的额定电压和耐压值紧密相关，额定电压小的断路器，其开距一般设计得小一些，但这样会对其分断能力和耐压水平有一定的影响。相反，如果断路器触头开距过大，耐压水平会有所提高，但灭弧室的波纹管寿命会降低。加大触头间的开距可以有效提高开关的绝缘水平，但为了满足断路器频繁开断的需要以及提高开关的使用机械寿命，开距应尽量设计得小一些。

真空断路器如果达不到一定的超程，在触头有烧损后不能使其具有一定的压力，如果开关的初始速度不达标，开关开断及动热稳定性难以保证，合闸弹跳也会因此加大；如果开关具有较大的接触行程，操动机构合闸功率将变大，开关合闸的可靠性会因此降低。

触头的弹跳过程越短，其性能越好。如果弹跳过程过长，会导致触头产生严重的电磨损，很容易产生合闸过电压。电力系统及其中的电力设备会在合闸弹跳开始时产生瞬时的高频 LC 振荡，电力设备的绝缘可能会因此产生严重的损伤甚至损坏。分闸反弹如果不能控制在一定范围之内，开关开断后容易导致重击穿，使开断失败。

若开关的分闸同期性保证不了，三相分闸会产生不同步，电流不能均匀分布在三相触头上，会使先开相负载电流加重，后开相燃弧过程增长，对其开断性能产生影响。如果开关的合闸同期性不能保证，会使其触头烧损不均匀，影响触头的使用寿命。若合闸的不同期性严重过长，则极易引起合闸弹跳。

2. 在线监测参数计算

断路器机械特性参数中，包括速度、时间和行程，而速度和时间的乘积就是行程，所以在计算断路器特性参数时，至少应该知道两个量，才能得到机械特性参数，一般选用行程和时间。计算时，由单片机定时器配合断路器分、合闸过程中出现的如下输入信号：①分、合闸命令信号；②高压断路器主轴连杆位移量；③分、合闸电磁铁线圈回路电流信号；④辅助触点状态信号；⑤主触头分、合状态信号。根据上述信号，求出断路器分、合闸时的机械特性参数。

（1）分（合）闸时间的确定。合闸时间是合闸回路有电流开始到所有极触点都接触为止的时间间隔的时刻，分闸时间是从分闸回路有电流开始到所有极触头都分开时刻的时间间隔。所以分（合）闸的起始时刻的选择直接影响着高压断路器机械参数的数值。因为最初的依据是判分（合）闸电磁铁线圈有电流通过，所以启动电流的定值（即阈值）大小将影响测量精度，也影响到测量系统的稳定性。因此，从启动时刻开始计时，到电气主触头移动到换位点的时间，那就是分（合）闸时间。合闸换位点可取三相有电流时刻，即灭弧触头全合时刻；分闸换位点可取辅助触头状态信号变位时刻。

（2）行程、超行程的确定。在所有的时间和相对位移量确定的前提下，行程、超行程以及速度参数都可求出。

从合闸前稳定位置到合闸后的稳态位置之间的位移量之差，就是触头的合闸行程；从分闸前的稳定位置到分闸后的稳态位置之间的位移量之差，就是触头分闸行程。合闸和分闸的行程是相等的。事实上，当断路器型号选好后，行程参量也就确定了。因此，可以通过捕捉得到行程全程中任一行程位置点在分合闸操作的位置发生的时刻。主触头超行程基本是不变的。

（3）同期性的确定。合闸不同期时间指的是从首相触点相合到三相触点全合之间的时间，可以由首相有合闸电流到三相有合闸电流之间的时间之差确定。确定不同期时间的关键在于如何有效地提取首相有电流信号和三相都有电流信号。另一个问题是同期时间很短，如何在这么短的时间内有效得到上述数据。

3.2.2 断路器电气特性的在线监测

断路器在进行分合闸操作时，分合闸线圈中都会通过相应的电流，从而在铁芯中产生磁通，在产生的电磁吸力的作用下，使动铁芯运动，从而带动机械装置合闸或分闸。分合闸线圈中通过的电流对断路器的分合闸过程会产生影响，因而对分合闸线圈中的电流特性进行监测也是断路器在线监测的一个重要方面。

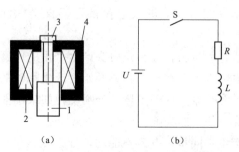

图 3-10　线圈结构示意图及其等效电路图
（a）合分闸线圈结构；（b）等效电路
1—动铁芯；2—线圈；3—顶杆；4—静铁芯

图 3-10 是分合闸线圈的结构及等效电路图。当开关预备分、合闸时：S 关合，电流流过线圈。电路微分方程为

$$U = Ri + \frac{d\psi}{dt} \tag{3-1}$$

式（3-1）中，ψ 为磁链。设铁芯不饱和，则有 $\psi = Li$。电感 L 不随 i 变化，而随铁芯的气隙 δ 的变化而变化，即

$$U = Ri + \frac{d(Li)}{dt} = Ri + L\frac{di}{dt} + i\frac{dL}{dt}$$

$$= Ri + L\frac{di}{dt} + i\frac{dL}{d\delta} \cdot \frac{d\delta}{dt}$$

$$= Ri + L\frac{di}{dt} + i\frac{dL}{d\delta} \cdot v \tag{3-2}$$

当线圈在给电瞬间，因为感性线圈对电流的抑制作用，电流不能瞬间到达稳定值，而是逐步由零增大，铁芯的吸力也在同时变大。当铁芯吸力不足以驱动铁芯时，$\delta = \delta_{max}$ 为常数，铁芯的运动速度为 $v = 0$，式（3-2）变为

$$U = Ri + L_0\frac{di}{dt} \tag{3-3}$$

式中 L_0 为 $\delta = \delta_{max}$ 时线圈的电感。式（3-3）的通解是

$$i = Ce^{\frac{R}{L_0}} + \frac{U}{R} \tag{3-4}$$

式中，C 为常数。由 $t = 0$，$i = 0$ 的初始条件可知，式（3-4）的一个特解为

$$i = \frac{U}{R}(1 - e^{\frac{R}{L_0}t}) \tag{3-5}$$

因此，当铁芯还没有运动时：线圈电流 i 以指数增大。t_1 时刻，电流增大到动作电流 I_1。铁芯的吸力超过反作用力，铁芯开始运动 $v > 0$。等值回路中增加一随时间增大的反电势 $i\frac{dL}{d\delta} \cdot v$。通常，线圈电流 $i < I_d$。所以，电流 i 偏离指数上升曲线，不断下降。这一过程持续到铁芯吸合。铁芯停止运动，$v = 0$。由式（3-5），电流微分方程变为

$$U = Ri + L_1\frac{di}{dt} \tag{3-6}$$

式中 L_1 为 $\delta = \delta_{max}$ 时，线圈的电感。故电流以铁芯停止 $t = t_2$ 时的电流 I_2 为初值。以指数规律上升，最后达到稳态值 $I = \frac{U}{R}$。

以上分析可以用分合闸线圈的典型电流波形加以说明。图 3-11 给出了分合闸电流曲线。

合分闸电流曲线，按照铁芯的运动，可分为五个阶段：

（1）阶段 Ⅰ，$t \in [t_0, t_1]$，在 t_0 时刻给分合闸线圈操作指令，开关动作由此点开始计时，t_1 时刻线圈中电流及磁通达到可以使铁芯动作的能力，铁芯开始运动。该阶段电流以指数趋势上升。

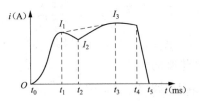

图 3-11　合、分闸线圈
电流特性曲线

（2）阶段 Ⅱ，$t \in [t_1, t_2]$，铁芯动作，电流下降。控制电流在 t_2 时刻达到最小值，表明铁芯已经与操动机构脱扣装置碰撞并明显减速或停止运动。

（3）阶段 Ⅲ，$t \in [t_2, t_3]$，铁芯停止运动，电流恢复指数趋势上升。

（4）阶段 Ⅳ，$t \in [t_3, t_4]$，延续 Ⅲ 阶段，电流逐渐达到稳定。

（5）阶段 Ⅴ，$t \in [t_4, t_5]$，电流断开阶段，此阶段辅助触头分开并产生电弧，电弧电

压升高，电流减小，直至最终电弧熄灭。

通过以上对分合闸线圈电流的分析可知：可由图 3-11 中 $[t_0, t_1]$ 线圈电流反映出在铁芯的运动过程中是否有卡滞，以及脱扣器的机械负载变化状况。t_2 以后的电流反映了开关动触头在操动机构的驱动下运动的情况，$[t_0, t_4]$ 的动态过程反映了开关机构传动系统

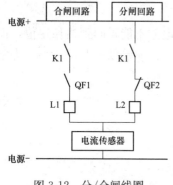

图 3-12　分/合闸线圈
电流监测接线图

的工作状况。通过记录分合闸线圈的电流波形，可以提取开关运动状态信息，并根据相关信息对开关的故障进行及早诊断。操动机构的运动时间及线圈通电时间都可以通过电流波形计算得到，并可与其出厂参数做对比，判定出铁芯是否有空行程及弹簧卡滞等故障。

一种分、合闸线圈的电流监测接线图如图 3-12 所示，其中 K1 为合闸继电器，K2 为分闸继电器，QF1、QF2 为断路器辅助开关，L1 为合闸线圈，L2 为分闸线圈，电流传感器输出的电压信号经过放大、整流后发送到 A/D 转换模块，最终送到微处理器。

(3.3) 电子式互感器的在线监测

电子式互感器在线监测系统，监测的对象分为两部分：一部分是对设备内压强、温度、湿度等参数的监测；另一部分是对互感器介质损耗的监测。测量介质损耗是衡量互感器绝缘性能的好坏；采集压强、温度、湿度的数据，可计算设备状态对同轴圆柱电容量的改变，还可以把采集的压强、温度、湿度数据代入数学模型，计算出气体的密度、含水量，这也能判断气体的绝缘性能，与通过测量电流、电压分析出的介质损耗进行互相验证，增强电子式互感器在线监测系统的可靠性。

3.3.1　互感器压强、温度、湿度的监测

电子式互感器采用 SF_6 气体绝缘，这种绝缘结构简单、绝缘强度高，但是充有 SF_6 气体绝缘的电子式互感器在运行时，气体的温度和压力在设备运行过程中，会因各种因素的影响而波动，从而引起气体密度的变化。在运行过程中还会不可避免地发生设备内部 SF_6 气体向外泄漏而导致气体密度下降的情况，这会直接导致 SF_6 气体的相对介电常数 ε_r 的值发生变化，从而使得同轴电容 C 产生波动，最终影响二次电压的测量结果。因此，有必要对设备内部的压强、温度和湿度进行监测。

（1）电子式互感器内部压强的监测。通过压力传感器来监测电子互感器内部压强。从安全的角度考虑，压力互感器应安置在互感器低电位的底部基座内腔。选择压力传感器时，考虑到数字输出的价格高昂，设备基座处的磁场强度已减弱，一般的模拟电压输出压力传感器比较合适。但为了减少电磁干扰，还应注意屏蔽保护。

（2）电子式互感器内部温度的监测。为了准确地监测母线杆附近的温度，温度传感器要尽可能靠近一次杆。此时温度传感器要承受巨大的电磁干扰，一般的模拟输出无法正常

地将信号传输出来，所以选择数字输出的温度传感器。

（3）电子式互感器内部湿度的监测。SF_6 气体中总会含有水分和一些杂质，水分以水蒸气的形式存在。水分的危害之一是当温度下降之后，部分水蒸气会凝结成水附着在设备内壁上，严重降低了设备的绝缘强度。在线监测 SF_6 气体的微水含量，可以随时掌握气体含水量的变化并实时报警。按规定新安装的 SF_6 互感器在充入 SF_6 气体后 24h 检测，气体含水量不得大于 $150\mu L/L$，定期检测 SF_6 气体中的含水量不得超过 $300\mu L/L$（测试温度为 20℃）。

SF_6 气体的微水含量有多种表示方法，电子式互感器主要监测体积分数，但湿度传感器输出的信号只有相对湿度，因此必须实现由相对湿度到体积分数的数学转换。

相对湿度（RH）是实际水气压与同一温度条件下的饱和水气压的比值，无量纲单位，表示为

$$RH = \frac{p_w}{p_s} \times 100\% \tag{3-7}$$

式中　p_w——SF_6 气体水蒸气的分压力，Pa；

p_s——测试系统温度下的饱和水蒸气分压力，Pa。

$$\ln p_s = \frac{10.286T - 2148.4909}{T - 35.85} \tag{3-8}$$

系统根据湿度传感器就可以得到相对湿度值（RH），分母 p_s 是一个只与温度相关的值，通过式（3-8）就可以得到饱和水蒸气分压力 p_s，再通过式（3-7）就可以求出 SF_6 气体水蒸气的分压力 p_w。

SF_6 气体的体积分数为

$$p_V = \frac{p_w}{p} \times 10^6 \tag{3-9}$$

式中　p——系统的总压力，由压力传感器得到。

根据式（3-9）就可以得到体积分数。

（4）电子式互感器内部压强和温度对电压电容的影响。

高压臂电容器是同轴结构，相应电容 C_1 的表达式为

$$C_1 = \frac{Q}{U_{AB}} = \frac{2\pi \cdot \varepsilon \cdot l}{\ln(R_A/R_S)} \tag{3-10}$$

式中　R_A 和 R_S——同轴电容的外半径和内半径。

由式（3-10）知，电容 C_1 的大小只与 ε 有关，即

$$\varepsilon = \varepsilon_0 \varepsilon_\gamma$$

式中　ε_0——常数；

ε_γ——由 Beattie-Bridgman 经验公式确定。

Beattie-Bridgman 经验公式为

$$\varepsilon_\gamma = 1 + 4\pi a^3 \frac{133.3p}{k(273+t)} \tag{3-11}$$

式中　p——大气压强，Pa；

t——温度，℃；

k——波尔斯曼常数，$k = 1.38 \times 10^{-16}$ 格/K；

a——气体分子半径。

综合式（3-10）、式（3-11）求出

$$C_1 = \frac{2\pi l\varepsilon_0}{\ln(R_A/R_B)} \cdot \left[1 + 4\pi a^3 \frac{133.3p}{k(273+t)} \right]$$ 　（3-12）

从式（3-12）可以看出，电容量受温度 t、压力 p 的影响。

3.3.2　电子式互感器介质损耗在线监测

电子式互感器为智能变电站内重要的电容型设备，在线监测电子式互感器的重要参数是介质损耗因数。介质损耗因数 $\tan\delta$ 是反映绝缘介质损耗大小的特征参量，它取决于绝缘材料的介电特性，而与介质的尺寸无关。介质损耗因数对反映小体积设备的绝缘老化和整体受潮等漫布性缺陷特别灵敏，而实际经验表明，对于体积较小的电容型设备，测量其整体绝缘介质损耗因数可以灵敏地发现设备中的局部缺陷、设备绝缘受潮和劣化变质等问题。

电子式互感器的介质损耗测量属于高电压、微电流、小角度的精密测量，对测量方法要求很高。

采用电子互感器二次测量端子抽取的电压作为标准，测量其与泄漏电流之间的夹角的正切值作为电子互感器介质损耗因数 $\tan\delta$。根据 GB 1208《电流互感器》的规定，对于互感器，要求 $\tan\delta < 0.5\%$，运行中的电容型设备的介质损耗正切值多在 $0.001 \sim 0.020$ 之间，这就要求传感器的角度误差的绝对值小于 3.33，因此应选用专门针对测量泄漏电流的穿芯小电流传感器。

利用微电流传感器系统检测设备末端的泄漏电流，母线端利用电容分压原理，抽取二次电压信号，两路模拟信号经整型、滤波、放大及同步采样后由 A/D 转换为离散的数字信号，然后经单片机将这两路信号传到上位机，上位机利用虚拟仪器求出两个信号的相位角差和介质损耗角正切值，并将结果显示在监控界面，由此实现电子互感器介质损耗因数在线监测过程。

3.3.3　电子式互感器在线监测系统的整体结构

电子式互感器在线监测的对象包括 SF_6 气体温度、压强、湿度及互感器的二次电压及泄漏电流。通过传输系统将这些数据传送至智能变电站的监控中心，为电子式互感器实现状态检修提供技术参考。系统整体结构如图 3-13 所示。

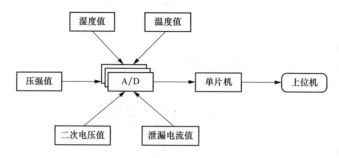

图 3-13　电子式互感器在线监测系统整体结构

压力传感器安置在互感器低电位的底部基座内腔，根据压力传感器获得设备内部压强的值，通过前述母线电压与压强的关系，对互感器测得的电压进行修正。

为了尽量准确地测量到母线杆附近的温度，温度传感器要尽可能靠近一次杆进行安装。

而设备介质损耗的测量，是通过测量设备输出电压和泄漏电流之间的夹角计算得到的。一般采用电子式互感器二次测量端子抽取的电压作为标准，计算其与测量的泄漏电流之间的夹角的正切值。

3.3.4　电子互感器在线监测系统具体实现形式

电子式互感器在线监测系统，设计为分层分布式多CPU结构，采用模块化设计和以太网通信技术，由置于现场的每台互感器的数据采集、处理、传输单元与智能变电站监控室内的上位PC数据管理与监测系统共同组成。

在整体结构上，系统采用分层分布式结构，使整个系统层次清晰、分布合理，有利于安装和维护，而且系统采用模块化的设计，方便以后对系统的再升级。

系统整体构架如图3-14所示。

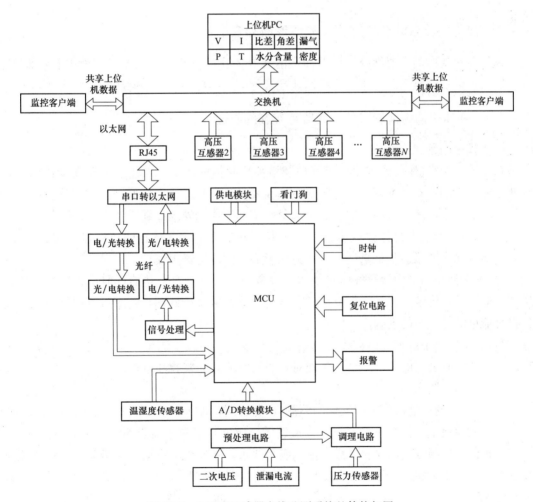

图3-14　电子式互感器在线监测系统整体构架图

试验表明，25℃时 1Pa 的压强对电容量（单位：pF）的影响量在 2.5327×10^{-4} 数量级范围内，而气体介质正常工作压力范围在 $0.35 \sim 0.50MPa$ 之间，环境温度为 $-25 \sim +50℃$，一般采用通用压力传感器即可满足要求。

而温度和湿度的测量可选用集温、湿度测量于一体的传感器，可直接输出温度、湿度的数字信号。

由于泄漏电流的数值很小，需使用较为精密的测量仪器。BCT-2 型零磁通穿芯小电流传感器是专门为高压电气设备绝缘在线监测而研制的一种小电流传感器。它选用起始导磁率高，损耗小的坡莫合金做铁芯，采用深度负反馈技术和独特的屏蔽措施，能够对铁芯全自动补偿，使铁芯工作在理想的零磁通状态。该传感器能够准确检测 $100\mu A \sim 700mA$ 的工频电流，输出电压为 $0 \sim 10V$（交流峰值），具有极好温度特性和电磁场干扰能力。

3.4 在线监测及故障诊断存在的问题

3.4.1 智能变压器的在线监测及故障诊断存在的问题

变压器在线监测主要细分为压器油中溶解气体在线监测、变压器局部放电在线监测、变压器油色谱在线监测。变压器在线监测在实际应用中碰到了许多问题需要解决。

3.4.1.1 变压器油中溶解气体在线监测存在的问题

（1）管理问题。

1）油中溶解气体在线监测装置管理及检验检测标准体系尚未建立，在线设备也存在状态参差不齐的状态。据调查，部分变电站在线设备正常运行率较低，且在线设备的运行维护并未纳入生产体系管理之中，数据采集和整理工作仍处于计划工作之外。

2）在线监测技术总体覆盖率较低，主变压器油中溶解气体在线监测设备覆盖率低，相对于变电站主变压器数量来说太少，无法形成有效的监督规模。

3）现在使用的油中溶解气体在线监测设备一般都具有报警功能，但这种报警一般传送到变电站后台终端，由运行人员接收，再传达给检修人员处理，整个过程时间较长，而且报警信息缺乏一定的准确性和针对性。

4）变压器油中溶解气体在线监测装置差异较大，导致了测试结果存在较大差异。没有建立一个客观公正的评价平台，实现对在线监测装置的校验和审查。

（2）技术问题。

1）通过对变压器油中溶解气体的监测发现，新投 500kV 设备的 C_2H_6、C_2H_4、C_2H_2 的含量一般为痕量，甚至为零，由于含量偏低，所以对于测量仪器的测量灵敏度要求高，现有气相色谱检测方法的检测灵敏度可以满足要求，能够测出痕量气体组分，但在线监测装置对痕量 C_2H_2 组分检测效果比较差，其检测范围一般为 $0.5\mu L/L$，对于过小的含量只能测定为零。

2）油中溶解气体在线监测装置需要使用高纯氮气作为载气气源，且一般使用的是气瓶气体，受到钢瓶中的氮气量的限制。一旦钢瓶中的高纯氮气用完或压力不足就无法进行检测，难以满足连续监测变压器状况的要求。

3）数据仅仅停留在基础层面。目前色谱在线监测装置的数据分析处理软件系统，一般只提供数据的查询、注意值判断及二比值等基本分析功能，无法和试验室离线数据联合判断，缺乏对数据的横、纵对比，不符合相关规范关于对数据进行深层分析，从而发现设备潜在缺陷的要求。

3.4.1.2　变压器局部放电在线监测存在的问题

局部放电的测试都是以局部放电所产生的各种现象为依据，通过能表述该现象的物理量来表征局部放电的状态。局部放电的过程，除伴随着电荷的转移和电能的损耗之外，还会产生声波、发光、发热及出现新的生成物等，所以目前出现的检测技术均是围绕着这些表征特征进行检测。目前的监测方法还存在以下缺点：

（1）脉冲电流法。缺点：脉冲电流测试频率低、频带窄、信息量少；易受外界干扰噪声（$f<10MHz$）影响，抗干扰能力差。

（2）放电能量检测法。缺点：①由于测量时将介质中的各种损耗叠加，因此难以将局部放电直接引起的损耗分离出来；②灵敏度较小。

（3）超低频局部放电测量法。缺点：目前尚不能确切表述 0.1Hz 试验电压与 50Hz 试验电压的等效性。

（4）局部放电声测法。缺点：由于对局部放电声波的传播过程很复杂，难以进行定量。

（5）光测法。缺点：不能记录非透明装置的局部放电。

（6）红外热像法。缺点：目前这种方法用于定量研究还存在困难。

（7）色谱分析法。缺点：气体传感器对所检测的各种气体均敏感，导致检测准确度不高。

放电量标定问题是判断变压器发生局放严重程度及绝缘是否受损的关键所在，如何对放电量进行标定也是目前声测法、红外热像法、超宽频法等亟待解决的难点，这就需要在现场积累大量的实测数据。

3.4.1.3　变压器油色谱在线监测存在的问题

变压器油色谱分析在线监测系统用于电力变压器油中溶解气体的在线分析与故障诊断，适用于 110kV 及以上电压等级的电力变压器。但在实用中存在以下一些问题：

（1）载气管理问题。变压器油色谱在线监测系统所使用的载气多为高纯氮气，一般使用高纯氮气瓶作为载气源。钢瓶中的氮气量是有限的，使用一段时间之后就会发生高纯氮气用完或欠压无法进行检测的情况，虽然有载气压力指示，但是等载气压力指示欠压再联系厂家更换气瓶需要较长时间，在线监测系统监测功能的连续性就无法保证。

（2）在线与离线色谱仪都需要定期标定，常采用外标法，通过注入一定量已知各组分含量的标准气，通过各组分的保留时间定性、图谱中各组分峰面积定量的标定方法。离线色谱仪每次开机都需要标定，长时间不标定会影响检测数据的准确性，尤其在更换载气瓶之后必须标定，否则数据偏差会相当大。

除了以上两个方面的问题外，变压器油色谱在线监测在实际应用中还存在有合成空气的问题、系统插件损坏的问题、组分分离系统部件老化（气体分离）的问题等，迫切需要找出相应的解决方法。

3.4.2 智能断路器在线监测及故障诊断存在的问题

断路器是电力系统中重要的控制和保护设备，断路器的价格不高，但由于其故障造成的损失，如引起其他电力设备的损坏和电力系统的停电，则远远超过断路器本身的价值，因此需要对智能断路器工作状态进行监测，以最大限度地保证其可靠性，对断路器实施预测性维修和科学化管理是提高断路器运行可靠性的有效途径。

由于断路器本身所具有的特性，造成了断路器状态监测工作的困难，断路器在线监测技术的主要问题在于：

（1）工作状态的多样性。断路器应用于各种不同的场合和电压等级。有些断路器需要频繁开合，而有些则在投入后很少动作；有些在寿命期限内要多次开断短路电流，而有些则很少开断。这种工作状态上的差异给断路器的在线监测与故障诊断工作带来了困难。在通过断路器开合过程中的信号来获取断路器机械状态信息的应用中，如果断路器投入运行后长期不执行分断关合操作，则无法获取想要得到的信号。这样，在两次检修周期之间若因外力等造成了断路器的机械损伤是无法判别的，只有等到下一次检修时通过检测才能知道。

（2）断路器故障发生的随机性。电气设备的故障不仅决定于设备的当前状态，还与它的历史状态有关：同一种故障可能是由于不相关的多种原因造成的，而同一种原因也可能造成不同的故障。对于同样的状态参数，故障的严重程度不会完全一样，甚至可能发生故障也可能不发生故障。也就是说，断路器的状态变量与故障特征变量之间存在复杂的时变非线性映射关系，这种映射关系表现在了断路器故障发生的随机性上。

目前，随着国内外监测技术的发展，智能断路器机械特性在线监测技术已经进入新的阶段。断路器检测技术经历了三个发展过程，即离线测试、周期性在线检测、长期在线监测，如今以机械特性在线监测为主。因此在实际运行过程中，智能断路器机械特性在线监测技术存在着一些值得注意的问题：

（1）如何选择合适的传感器以及对不同的智能断路器机构安装适应性差的问题。

（2）仅关注机械参量的计算结果，缺乏对机械运动过程的关注。

（3）虽然现有的在线监测模块也可以测量合、分闸特性曲线，但对于机构的状态仍只能做出好或坏的判断，却判断不了故障究竟发生在什么部位。

（4）线监测装置模块寿命过短，安装维护困难，价格过高而精度不够高。

（5）数据处理的问题。目前对机械特性在线监测主要是测量合分闸时间、平均速度等，根据这些测量值，经过简单的阈值判断来对机构状态做出预测。因此，现有的机械特性在线监测装置功能不完善，缺乏足够的数据积累，即使有了大量数据，故障诊断的分析能力也不足。

（6）监测数据信号"噪声"。在线监测数据处理智能断路器现场采集的数据信号是低频信号。例如，在断路器的分、合间线圈电流中，除了包含必要的回路信息外，还有很多无效的"噪声"分量，如衰减直流分量和各种高频分量等，智能断路器在线监测装置会受到很多高频噪声的影响，引起数据提取不准确。为了提高监测数据的可靠性，需要尽可能地滤除掉非周期分量和高频分量。

（7）断路器的三相分合闸同期性的问题。三相合闸不同期性会影响合闸过电压，燃弧区间（最大燃弧时间和最小燃弧时间之差）也会增大，甚至会使断路器所承受的恢复电压增加。如何准确得到断路器的三相分合闸同期性具有重大意义。

3.4.3　电子式互感器在线监测及故障诊断存在的问题

对于运行中的变电站设备进行在线监测，较多的集中于对电容型设备绝缘和局部放电的监测，而对电子式互感器的在线监测和校验的研究及应用刚刚起步。

目前，国内外对电子式电流互感器在线监测及校验的研究并不多见，已有的部分方法存在以下不足：

（1）传感头的带电安装方式采用等电位作业法，即现场操作人员通过使用绝缘工具（如绝缘软梯）来实现电流传感头的带电安装，安全系数小。

（2）电流互感器标准通道采用了钳形空心传感头，准确度受安装位置和气隙闭合程度的影响很大。由于是带电安装，所以在安装过程和结果不可控的前提下，空心传感头的测量准确度不可控，难以保证标准电流通道的测量准确度，校验结果的可信度受到质疑。

（3）高低压侧间的信号传输采用光纤合成绝缘子，光纤合成绝缘子体积大，重量重，不便于现场安装。

（4）对传统互感器进行在线监测及校验的方法，不能针对电子式电流互感器完成 IEC 61850-9-2 的数字量校验。

综上所述，目前情况下缺乏可以在带电状态下对电子式互感器性能进行监测的有效手段，没有出台与监测及校验相关的标准和操作规范，从而大大限制了电子式互感器性能的监测、提高及完善，也制约了其在智能变电站中的推广应用。

3.5　小　　结

本章对变电站在线监测系统的结构及工作原理进行了介绍，通过对变压器、断路器及互感器在线监测系统工作原理的分析，指出当前的在线监测系统相互独立、数据分散，不能实现变电站设备状态数据的统一利用。

第4章

智能变电站的全景数据采集平台

4.1 简　介

智能电网要实现电力流、信息流、业务流的有机融合，作为电网节点的变电站需要将这三流信息进行补充、完善和标准化，以满足智能电网各类客户端的实时需求。为此，需在变电站实现所有数据的统一管理并模型化，建立变电站基础数据平台。

智能变电站全景数据采集的基本思路是：

（1）在深入研究变电站各子系统信息模型的特性及相互关系的基础上，采用面向对象建模技术，利用对象的继承、信息隐藏和模块化的优点，进行系统分析与设计，准确地定义对象，然后再根据对象的特征属性定义对象之间的关系，进而完成整个系统的分析与设计工作。

（2）建立涵盖变电站各种应用的一体化通信管理平台。

1）设计充分适应安全分区的变电站各个应用系统的通信结构。

2）设计各个非 IEC 61850 标准的应用到通信管理平台的适配接口。

3）设计各个需要适配到统一信息模型上的转换关系。

4）设计全面符合 IEC 61850 标准体系结构。

5）设计各个应用系统到通信管理平台的专用通信服务映射（SCSM），并实现 GOOSE 机制。

6）设计独立于所采用网络和应用层协议的抽象通信服务接口 ACSI。

（3）建立统一的变电站信息系统对外接口体系，支持 IEC 61970 GID 及 IEC 61850/MMS 接口。

（4）汇总以上内容，开发变电站通信对象服务平台。

本章以具体的变电站为例，介绍其全景数据采集平台的系统架构、数据采集方法及变电站不同信息的统一模型。

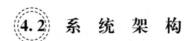

4.2 系 统 架 构

为了及时了解站内一次设备的实时运行状况和环境状况，需在变电站站内安装在线监测系统，包括点式在线红外测温、断路器状态在线监测、变压器油色谱在线监测、变电站气象环境监测。

点式在线红外测温系统主要应用于监测变电站高压电气设备中易发热部件，本项目计划在 35/10kV 主变压器开关柜母线排连接处及柜内各种连接点安装点式在线红外测温仪，利用 RS 485 总线可以将多个探头的数据连接到继电室内，实现远程监控，并有声光报警。

断路器状态在线监测，主要监测三相电流的实时值、开关的动作时间、累计的动作次数、每相的触头磨损量及累计的触头磨损量，相对剩余电寿命、开关辅助接点的动作状态、开关动作时刻的三相负荷及短路电流波形，分合闸线圈电流波形，机械振动波形、储能电动机打压时刻与储能时间。在 2 台主变压器 35kV 和 10kV 侧的断路器各安装 1 台分动断路器在线监测装置。

变压器油色谱在线监测对变压器油中氢气、乙炔和乙烯等多种非电气特征参数的监测与监视，安装于变压器上。

变电站气象环境监测对变电站的微气象参数（空气温、湿度，降雨量，大气压力，光合有效辐射，太阳总辐射，土壤湿度，叶片湿度，风向，风速，气候图像，冰雪厚度）进行在线监测和数据传输，安装于站内。

以上在线监测系统不遵循 IEC 61850 标准，为了统一站内对站外的模型和接口，项目提出了变电站全景数据采集方法，研制了变电站通信对象服务平台。系统架构如图 4-1 所示。

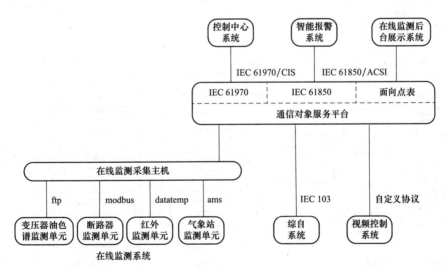

图 4-1 系统架构图

变电站通信对象服务平台主要实现以下功能：

（1）数据模型的整合。通信对象服务器可以接入各种不同数据模型的子系统，通信对象服务器对这些不同的数据模型进行整合，统一成基于 IEC 61850 标准的数据模型。

（2）数据模型的扩展。在 IEC 61850 标准中，对变电站在线监测领域涉及较少。通信对象服务器根据 IEC 61850 标准的扩展原则，对在线监测领域的数据模型进行扩展。

（3）数据模型的转换。通信对象服务器可以根据需要对数据模型进行转换，包括：

1）基于 IEC 61850 标准的模型和基于传统的线性点表的模型之间的转换。

2）基于 IEC 61850 标准的模型和基于 IEC 61970 标准的模型之间的转换。

（4）通信协议的转换。通信对象服务器可以根据不同的数据模型，转换对外的通信协议，包括基于 IEC 61850 标准的模型和接口和基于 IEC 61970 标准的模型和接口。

 变电站全景数据采集方法

4.3.1 操作步骤

（1）采用各厂商的私有通信协议，获取各种传感器采集到的变电站稳态、暂态、动态数据，以及设备状态、图像等全面反映变电站设备状态与运行工况的全景数据，遵循 IEC 61850 建模规则，将全景数据转换成符合 IEC 61850 标准的对象模型。

（2）根据资源采用全局统一命名规则，将遵循 IEC 61850 SCL 的变电站二次设备模型与遵循 IEC 61970 CIM 建模规范的主站一次设备模型进行相互转换映射，实现电力系统一、二次设备统一建模。

（3）遵循 IEC 61970 GID 规范，提供 GID 开放应用程序接口。

4.3.2 处理流程

数据处理流程示意如图 4-2 所示。

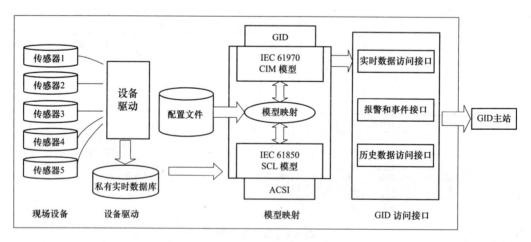

图 4-2 数据处理流程示意图

如图 4-2 所示，采用各厂商的私有通信协议，获取各种传感器采集到的变电站稳态、暂态、动态数据，以及设备状态、图像等全面反映变电站设备状态与运行工况的全景数据，将子站子系统内所有非 IEC 61850 的监测设备通过规约转换，统一对外提供 IEC 61850 服务，通过标准化的数字信息，实现变电站内全景数据采集与信息高度集成。不仅包括传统"四遥"的电气量，还包括设备信息（如变压器的绕组变形情况、色谱分析结果、冷却散热系统情况等，断路器的动作次数、传动机构储能情况、开断电流的情况）及环境信息、图像信息等。

根据资源采用全局统一命名规则，将遵循 IEC 61850 SCL 的变电站二次设备模型与遵循 IEC 61970 CIM 建模规范的主站一次设备模型进行相互转换映射，对电力系统一、二次设备进行统一建模，实现智能变电站与主站之间无缝通信。

遵循 IEC 61850 建模规则，将全景数据转换成符合 IEC 61850 标准的对象模型；根据资源采用全局统一命名规则，在统一语义的定义下，将变电站二次设备（保护、测控等设备）的 SCL 模型与主站一次设备（变电站、线路、负荷等）的电网 CIM 模型拼接起来，建立一、二次关联关系；根据映射法则，将遵循 IEC 61850 SCL 的变电站二次设备模型与遵循 IEC 61970 CIM 建模规范的主站一次设备模型进行相互转换映射，实现电力系统一、二次设备统一建模。

遵循 IEC 61970 GID 规范，提供 GID 开放应用程序接口。按照功能的不同，GID 接口又分为三类接口，分别是实时数据访问接口（DAIS）、报警和事件接口和历史数据访问接口（HDAIS）。相应的，分别实现这三类接口的服务器就称为 DA 服务器、AE 服务器和 HDA 服务器。

4.3.3　此类方法的优点

（1）将变电站稳态、暂态、动态数据以及设备状态、图像等全面反映变电站设备状态与运行工况的全景数据，便于实现各种系统资源的共享，降低系统监测成本。

（2）转换为基于 IEC 61850 标准的数据对象。

（3）遵循 IEC 61850 SCL 的变电站二次设备模型与遵循 IEC 61970 CIM 的一次设备模型无缝拼接。

（4）基于 IEC 61970 GID 的远程服务接口，第三方分析程序可以很方便地获取和分析采集的数据，为相关研究工作提供了便利，部署灵活，维护成本低。

 4.4　建立面向对象的变电站信息统一模型

要对变电站各个不同应用系统中高度异构数据实现有效信息共享，建立一个统一的信息模型是关键。IEC 61850 标准为变电站自动化系统的发展指明了方向，在深入研究变电站各子系统信息模型的特性及相互关系的基础上，采用面向对象建模技术，利用对象的继承、信息隐藏和模块化的优点，进行系统分析与设计，准确地定义对象，然后再根据对象的特征属性定义对象之间的关系，进而完成整个系统的分析与设计工作。

基于 IEC 61850 标准，从全局的视点出发，给出 110kV 变电站物理设备、逻辑设备、逻辑节点、数据对象的信息模型，并给出变电站数据编码标准，定义采用应用设备名、逻辑节点名、实例编号、数据类名，建立对象名的命名编码规则。

由于目前现场设备的私有协议大多是面向信号点表、线形和平面的，而 IEC 61850 的数据模型是面向对象和立体的，这就存在私有协议向 IEC 61850 数据模型的转换过程，涉及将线形的信号点表，按照 IEC 61850 的面向对象方式重新建模的过程，是一种从平面到立体的过程，如图 4-3 所示。

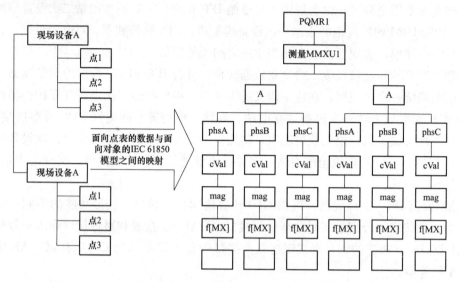

图 4-3　私有数据与 IEC 61850 数据之间的映射示意图

 ## 4.5　IEC 61970 和 IEC 61850 标准的协调机制

4.5.1　CIM 和 SCL

为保证数据能够在分布的系统之间有效交换，在全系统内充分共享，使电网调度中心各子系统之间能够互连、互通、互动，IEC 61970 描述了 EMS 模型中电力系统包含的所有主要对象的公共信息模型 CIM。CIM 对主要的电网设备和相关对象进行了建模，包含这些对象的公共类和属性，以及它们之间的关系。CIM 的基本框架可以抽象为如图 4-4 所示。

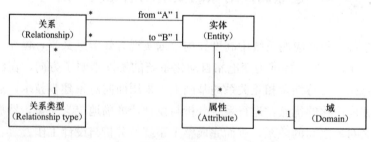

图 4-4　CIM 框架

CIM 中的每一个实体可以包含多个属性，属性的数据类型、单位、表现形式和值域等由域来定义，每个域可以作用于多个属性。

关系类型定义 CIM 的实体之间常见的抽象关系，如从属关系（Member of）、连接关系（Connected to）等。而关系则指两实体之间的具体关系，包括实体名、关系类型、关联情况（一对一、一对多、多对多）。

对一次系统对象的描述采用 IEC 61970 定义的公用信息模型 CIM。摘取其核心包（core package）、电线包（wire package）和拓扑包（topology package）中与电能质量的计算相关的部分描述元件参数和拓扑连接，在此基础上再扩充对谐波负序参数和运行方式信息等的描述。

IEC 61850 是国际电工委员会 IEC TC57 为变电站自动化系统制定的一个重要标准，我国也正在将该标准等同引用为我国国家标准。该标准规范了变电站自动化系统的通信网络和系统，以此来实现变电站自动化系统中来自不同厂家智能电子设备的互操作。为了获得互操作性，IEC 61850 用一套规范化的、面向对象的建模方法描述变电站内智能电子设备（如继电保护、故障录波器、电能质量监测设备等），使用了面向对象技术，定义了很多公共数据类（CDC）、逻辑节点（LN）和 ACSI，建立了分层次的模型结构。IEC 61850 将变电站设备按功能抽象成逻辑设备，逻辑设备又由逻辑节点组成，逻辑节点包含若干数据属性和方法，并且是公共数据类的实例，由此完成建模；其通信接口是采用虚拟的抽象通信服务接口 ACSI。

为了有效表达 IEC 61850 的对象模型，IEC 61850-6 制定了基于 XML 的变电站配置描述语言（substation configuration language，SCL），提出了使用 SCL 进行变电站自动化系统的配置和管理。SCL 是用来描述 IED 配置参数、通信系统配置、开关间隔结构及它们之间关系的语言，站控层监控软件和 IED 可以根据 SCL 的内容生成对应的实时数据库，从而降低了变电站自动化系统工程化集成的难度。

CIM 和 SCL 是一个抽象模型，采用可视化的面向对象的建模语言（unified modeling language，UML）来设计，SCL 对象的 UML 对象模型如图 4-5 所示。

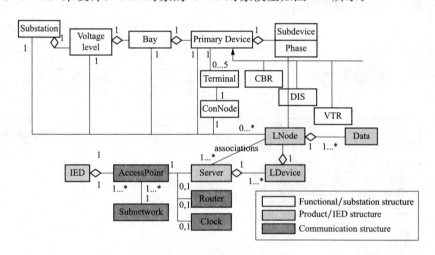

图 4-5　SCL 对象的 UML 模型

对象的 UML 模型分为三个基本层次：

（1）变电站（Substation）。包括开关场设备（过程设备）、拓扑（单线图），以及根据 IEC 61346 的功能结构描述设备和功能分配。

（2）产品（Product）。代表所有产品相关的对象，如 IED、逻辑节点等。

（3）通信（Communication）。包括通信相关的对象类型，如子网、通信访问点，包括描述 IED 之间的通信连接、间接描述逻辑节点之间客户端/服务器关系。

从图 4-5 中可看出，逻辑节点 LN 是过渡对象，用于连接不同的结构。这说明逻辑节点作为产品，在开关场功能方面，具有功能作用；在变电站自动化系统方面，具有通信功能。变电站功能对象及产品相关的对象的结构都是分层的，高层对象由低层对象组成。

4.5.2　模型的协调

子站上传的信息是按照 IEC 61850 SCL 的，而遵循 IEC 61970 CIM 建模规范的主站系统执行到 CIM 电力资源对象的映射，实际工程中需要进行相互转换映射。CIM 和 SCL 用统一建模语言（unified modeling language，UML）描述，UML 是一种面向对象、用于对软件密集型系统进行可视化、详述、构造和文档化的建模语言，以用户和开发者都能理解的图形方式对系统进行可视化说明。CIM 和 SCL 运用 UML，以类结构图的方式说明 CIM 包含的对象和对象之间的关系，如图 4-6 所示。

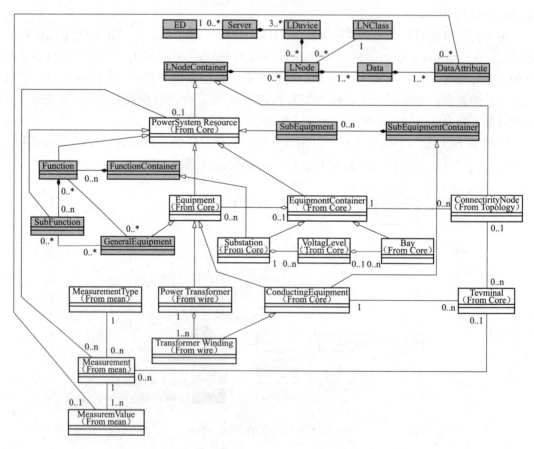

图 4-6　IEC 61850 和 IEC 61970 模型之间的协调

参考 IEC 61970 CIM 和 IEC 61850 标准分别对电力一次系统（变电站、线路、负荷等）和二次系统及一、二次关联关系等数据模型实行统一建模。图 4-6 中，两个 UML 的关联是关键。Equipment 和 IEC 61850 GeneralEquipment 的继承关系允许使用 IEC 61850 设备信息扩展 CIM 设备。IEC 61970 Measurement 和 IEC 61850 DataAttribute 之间的关系允许将 CIM 量测量映射到 IEC 61850 对象模型的值。在 CIM 模型中，PowerSystemResource 由一个或多个 measurements 组成，而 measurements 又包括一个或多个 measurement values。PowerSystemResource 的 measurements 通过 MeasurementType 分为多种类型。在 CIM 模型中的 MeasurementType. name 由 IEC 61970 定义，而 MeasurementType. aliasName 由 IEC 61850 定义。

（1）基于 CIM 标准中已有的 IEC 61850 类包，并进行适当扩展，把 SCL 模型转化为 CIM 形式，分 Lnode、Data、DataAttribute 处理；

（2）把逻辑节点 LNode 与 CIM 中一次设备相关的 Equipment 关联起来，具体是通过 LNode 下的 LNode. MemberOf _ LNodeContainer 把两者关联起来；

（3）通过配置的量测类型生成 MeasurementType，一个 MeasurementType 下可以包含许多的 Measurement，一个 Measurement 对应一个 MeasurementValue；

（4）根据模型中每一个 DataAttribute 生成对应的一个 Measurement，并且通过 Measurement. MeasurementType 与相对应的配置的 MeasurementType 关联，而通过 Discrete. Contain _ MeasurementValues 或 Analog. Contain _ MeasurementValues 关联相对应的 MeasurementValue。

根据全局统一命名规则，在统一语义的定义下，将变电站二次设备（保护、测控等设备）的 SCL 模型与主站一次设备（变电站、线路、负荷等）的电网 CIM 模型拼接起来，建立一、二次关联关系。

4.5.3 接口的协调

（1）基于 CORBA 的客户/服务器提供在线方式下接入标准和带 CORBA 中间件平台的系统，提供比较灵活的数据交换，实现 IEC 61970 CIS 部分中的通用数据查询（GDA）和高速数据访问（HSDA）服务器，支持紧耦合集成方式；客户端可使用 GDA 接口以准实时或近实时的方式获得电网模型数据，可以通过 HSDA 接口获得电网实时运行信息。

（2）客户端通过 DAIS _ DataAccess _ Group _ IHome _ IPrivate 类下的 create _ group 函数和 DAIS _ DataAccess _ Group _ Manager _ IPrivate 类下的 create _ entries 函数进行订阅，然后再调用 DAIS _ DataAccess _ Group _ Manager _ IPrivate 类下的 sync _ read 函数主动获取订阅的数据；再利用回调函数并且使能 DAIS _ DataAccess _ Group _ Manager _ IPrivate 类下的 enabled 函数启动异步读功能，在异步读功能中，服务器主动的把变化数据发给客户端。

（3）利用 CORBA 的事件机制，替代 CIS 中的 AE 功能。

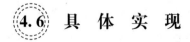

4.6 具 体 实 现

通信对象服务器的软件模块及其相互关系如图 4-7 所示。

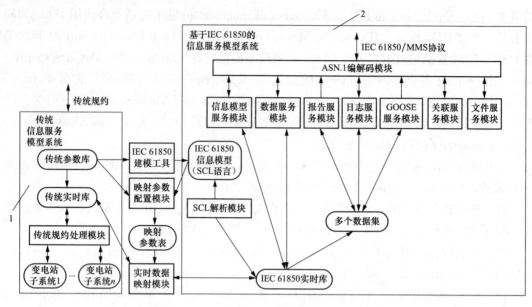

图 4-7　通信对象服务器的软件模块及其关系图

图 4-7 中：左侧矩形方框 1 内为传统的信息服务模型系统；右侧矩形方框 2 内为基于 IEC 61850 的信息服务模型系统，其内的矩形框为功能处理模块，圆角矩形框为信息模型或实时数据存储模块。下面分别对各个功能处理模块进行详细描述。

（1）传统规约处理模块。在变电站内有很多遗留子系统（非 IEC 61850 系统），这些子系统以传统的规约和后台通信，该规约处理模块即负责与这些子系统交互信息。主要体现在：以一定的频率依次扫描已建立连接的通道，解析子系统上送的规约报文，获取子系统数据，写入传统实时库。接收上级系统的下发命令，选择通信路径，发送给相应的子系统，并将子系统的返回信息发给上级系统。

（2）IEC 61850 建模工具。该模块负责将多个遗留子系统中的信息统一建模，建模基于 IEC 61850 标准，采用面向对象（一次设备或二次设备）的原则，生成的模型文件供 SCL 解析模块和映射参数配置模块使用。

（3）映射参数配置模块。该模块负责在传统的面向点的信息和基于 IEC 61850 的面向对象的信息之间建立起映射关系。

（4）实时数据映射模块。该模块负责将传统实时库中的数据映射到 IEC 61850 的实时库中，映射的依据是由"映射参数配置模块"生成的配置表。

（5）SCL 解析模块。在 IEC 61850 标准中，所有的配置文件均采用基于可扩展标记语言（XML）的变电站配置语言（SCL）。该模块负责将 SCL 文件解析成对象树存储在内存，供别的模块使用。

（6）关联服务模块。该模块负责与其他的 IEC 61850 子系统建立连接关系。

（7）信息模型服务模块。该模块负责对客户端提供 Request/Response 模式的信息模型服务。

（8）数据服务模块。该模块负责对客户端提供基于 Request/Response 模式的数据服务。

（9）报告服务模块。该服务属于 unsolicited 服务，负责主动向客户端发送实时数据。报告服务分为两种类型，即不带缓冲报告（URCB）和带缓冲报告（BRCB）。

（10）日志服务模块。该模块用于记录发生的事件，如开关变位等重要的事件，这些事件可以缓存在通信对象服务器中，供客户端随时读取。

（11）文件服务模块。该模块负责和客户端之间的文件服务，包括上装（从通信对象服务器到客户端）、下装（从客户端到通信对象服务器）、删除、改名。

（12）IEC 61850 和 IEC 61970 标准的协调模块。标准协调的具体实现流程如图 4-8 所示。

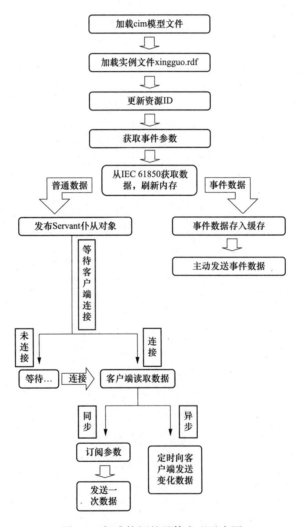

图 4-8　标准协调的具体实现示意图

从 IEC 61850 通信对象服务器获取数据，刷新内存。变电站中的事件数据采用主动上送模式发送至主站；普通量测数据则提供同步和异步读两种模式，同步一次发送数据给主站，或者异步定时向主站发送变化数据。

4.7 小 结

本章提出并实现了变电站全景数字采集方法，研制了变电站通信对象服务器，将变电站的数据源形成基于同一断面的，具有唯一性、一致性的基础信息。通过统一标准、统一建模来实现变电站内外的信息交互和信息共享，可以将传统变电站内多套孤立系统集成为基于信息共享基础上的业务应用。

第 **5** 章

智能变电站综合监测与智能警报处理系统结构及方法

目前多数变电站已安装或即将建设多种自动化系统，如综合自动化系统、电能计量系统、故障信息管理系统、电能质量监测系统、火灾报警系统、防误操作闭锁系统、图像监控系统和在线监测系统等，现有的变电站二次系统信息分散且不能准确表达现有电网系统的复杂故障，当电网发生故障时，运行人员往往要面对众多孤立的保护、测量信息而无法及时准确地判断出故障根源。因此，在现有变电站二次系统中加入智能警报处理和故障综合诊断软件，能有效地协助运行人员及时准确地判断故障元件和可能的故障原因。

为了从系统工程的角度整体上对变电站进行统一的自动化管理，防止信息孤岛现象，有效整合各种资源和发挥自动化集成的最大效益，有必要建立一体化变电站二次系统，通过对多种传感器（分布式智能探测器）采集的信息（如点式在线红外测温、自动气象站、环境监测、火灾探测、断路器状态在线监测、变压器油色谱在线监测）和保护、测量、故障录波等信息进行综合分析、判断，提取事故特征，分析事故原因，并打印记录，以备查询。

 5.1 综合监测系统结构

5.1.1　总体结构

系统主要由三个一体化平台构成。三个一体化平台包括变电站综合信息一体化平台（将变电站工况、在线监测、视频信息转换成统一的基于对象的数据）、网络传输一体化平台（统一传输协议，避免重复投资和建设，提高传输平台的可靠性和传输能力）、应用集成一体化平台（对变电站各种信息进行融合，在集中的平台和数据库上进行集中监视，实现监控、安全监测和预警等功能）。

综合监测系统结构如图 5-1 所示。

第一层为用于现场监测的各种传感器，例如点式在线红外测温、自动气象站、环境监测、火灾探测、断路器状态在线监测、变压器油色谱在线监测和保护、测量、故障录波等。

第二层为变电站通信对象服务一体化平台，主要完成实时数据的采集、判断和处理，将处理结果由通信网络发送至变电站运行监控中心（或变电站操作队）。变电站通信对象服务一体化平台安装在变电站中。

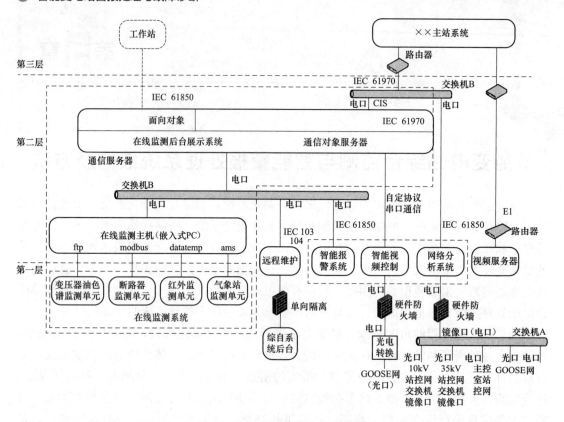

图 5-1　综合监测系统结构示意图

第三层是位于集控中心的无人值守变电站安全监测和预警系统，系统采用单机、单网的局域网络环境，负责进行综合分析、判断，提取事故特征，分析事故原因，并打印记录，以备查询。系统采用大屏幕显示屏，主要完成故障显示，可声光报警，使运行监控人员能够非常明显的看到事故发生地点及类型。监测和预警主站主要由通信服务器等硬件，以及实现远方实时监测、报警、预警、诊断功能的软件构成。

5.1.2　主站典型结构

应用集成一体化主站采用单机、单网的局域网环境，主要由远方监测诊断预警屏（含通信服务器、数据服务器、网络接口设备、网络安全设备、后台软件及大屏幕显示器、GPS 等）和工作站/客户机构成。

其中，通信服务器实现主站与子站间的通信，它接收从子站发送来的信息，或接收主站发送的信息再下发到子站，将接收到的报文信息解析后，分别存入历史数据库或实时数据库，供上层应用程序使用；数据服务器负责保存系统运行过程中生成的数据，由于数据量大，访问和操作频繁，需采用专用数据服务器。工作站/客户机用于运行人员对变电站设备和安全监测信息的远程集中监测与诊断任务。

5.1.3　子站典型结构

变电站监测和预警子站主要由用于现场监测的各种传感器、变电站通信对象服务器、智能报警装置、遥视主机、网络分析仪、就地检修终端、网络接口设备、网络安全设备构成，主要完成实时数据的采集、判断和处理，并将处理结果由通信网络发送至变电站运行监控中心（或变电站操作队）。其结构如图 5-2 所示。

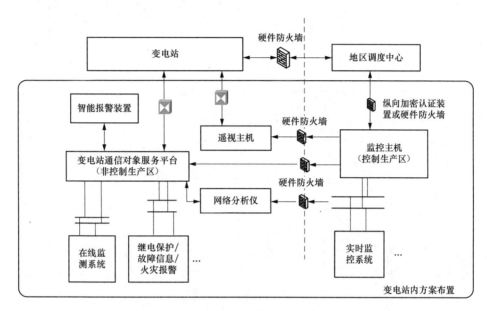

图 5-2 子站结构示意图

5.2 综合监测系统软件体系及其功能实现

5.2.1 综合监测系统软件体系结构

系统的软件体系结构采用层次化设计，分为子站端系统、网络通信和主站端系统三部分，如图 5-3 所示。

子站端系统分为现场设备层和变电站通信对象服务器层，主站端分为通用平台层、数据库平台层、应用平台层、应用软件层和高级应用层。无论哪一层发生变化，只要它的接口不变，其他层都不会察觉到这种变化，因而具有良好的可维护性。

子站端系统安装在变电站内，解决变电站运行工况、在线监测等指标的实时采集、处理、存储与数据转发等，其中实时数据采集功能主要由综自系统和在线监测设备完成，而数据处理、存储和转发等功能主要由变电站通信对象服务器实现。

主站端系统安装在集控中心，通过建立集监视、在线监测、故障诊断、预警、设备效能分析、安全操作等应用的集成一体化平台（包括信息集成平台、综合数据中心、数据交换平台、分析应用平台、综合展现平台等）实现中心各种自动化系统的功能集成，使中心建立在一个统一的平台之上，形成一个完整、有机的整体，实现对变电站设备和安全监测信息的远程集中监测与控制。图 5-4 所示为系统综合监测画面。

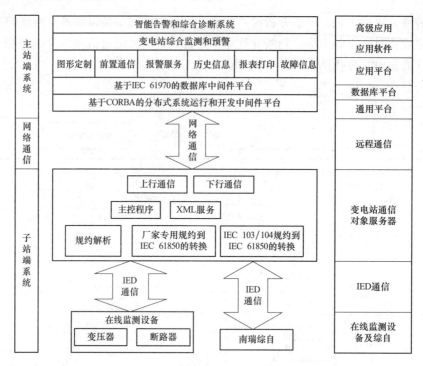

图 5-3　系统软件体系结构

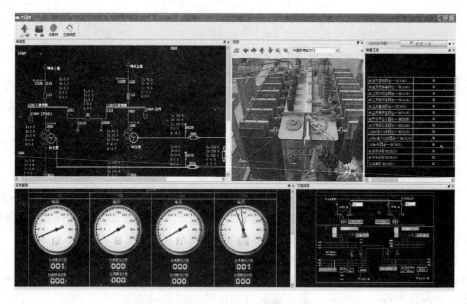

图 5-4　综合监视画面

　　运行人员只需面对一个告警控制台，就可以查看变电站中发生的所有告警。同时，事件可以按照来源（电网运行、主设备、二次设备）、类型（提示、告警、事故）、间隔设备单元进行分组，方便进行查看。图 5-5 所示为某变电站的警报分类报警窗口，图 5-6 所示为设备报警窗口。

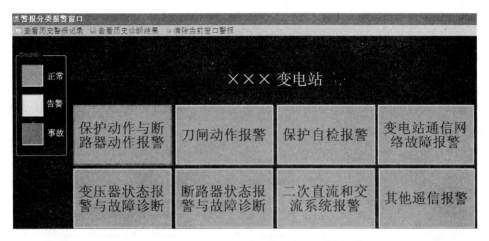

图 5-5 某变电站警报分类报警窗口

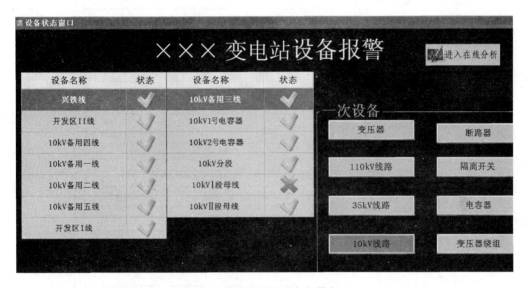

图 5-6 某变电站的设备报警窗口

主站端子系统主要由数据服务、数据交换、应用程序数据接口、应用逻辑和用户界面等模块构成。

（1）数据服务。指运行于数据服务器的 Oracle 数据库及其管理系统，实现对整个系统关键数据的集中管理和系统级安全控制。

（2）数据交换。实现本系统与其他系统之间的数据交换，包括变电站故障录波数据的上传、地调 EMS 中系统实时运行数据的采集、与 MIS 系统间的报表和文档传递等。

（3）应用程序数据接口。利用 ADO 等组件式数据访问对象，实现运行于客户端的应用逻辑（包括数据交换服务逻辑）对运行于服务器的数据库的访问。

（4）应用逻辑。提供变电站运行管理自动化所需的各种分析计算和管理功能，是系统的关键业务部分。

（5）用户界面。提供所见即所得的全图形化人机交互界面，主要以电网拓扑图、子站主接线图为基本的图形操作平台。

5.2.2 综合监测系统功能分解

综合监测系统的功能模块划分如图 5-7 所示，包括变电站综合监测功能、建模和管理功能、事件与告警功能、高级分析功能、数据采集和远程遥信、数据处理和存储功能、系统建模和维护功能七大部分，分别对应于主站端和子站端子系统。

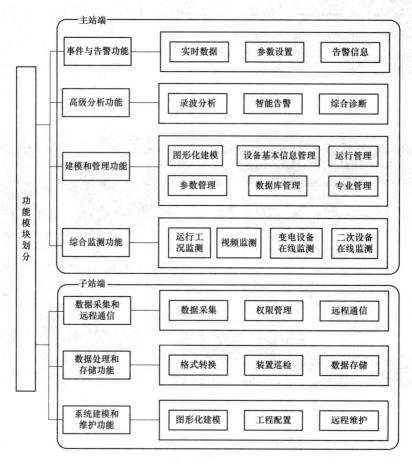

图 5-7 综合监测系统功能模块划分

5.2.2.1 子站端子系统功能

（1）设备配置。

1）能灵活的对各就地智能监测单元的配置参数进行设定。

2）子站端子系统能接入在线监测系统、综合自动化系统、继电保护及故障信息处理系统、网络分析管理系统、在线报警处理系统，根据现场的需求，在满足硬件资源的前提下，能够接入更多的变电站内设备或应用系统，且无需改动软件。

3）网络状况检测功能，能够提前发现故障，使维护人员及时排除。软件功能可同时监测多个 IP 地址，可以检测出网络时延超出设置或断线状态，监测记录以文字方式保存。

（2）数据显示。实时显示各就地智能监测单元的工作状态，采用多种方式显示各监测数据曲线。对接入的子系统的信息能够遵循 IEC 61850 标准建立统一模型，包括建立在线监测、网络管理、报警等模型，对于 IEC 61850 中没有定义的逻辑节点、数据对象、公共数据类，能够根据 IEC 61850 标准规定的扩展原则进行扩展。

（3）数据存储。能长期保存各就地智能监测单元的监测数据。站内数据存储和初步预警，具备数据的存储和初步预警功能，应能存储重要断面数据、至少七天历史数据、预警规则数据、设备本身运行状态信息、站内重要日志信息等数据。

（4）图形化界面。主接线可采用图形化显示，可直观地实时查看各设备绝缘参数。

（5）远程通信。

1）自动定时与远方管理系统进行数据通信。

2）通信对象服务器能够提供 2 路标准串口和 4 路以太网口，以接入变电站内子系统。

3）对上能提供 2 路标准以太网口接口，向主站系统发送信息。

4）对变电站内其他的子系统，能够以 IEC 101、IEC 104、DNP 3.0、CDT、基于 IEC 61850 信息模型的 MMS 等通信协议接入信息。

5）对上级主站系统，能够提供遵循 IEC 61850/MMS 和 IEC 61970/GID 的接口上送信息，实现 IEC 61850 与 IEC 61970 信息模型和接口之间的协调。

6）协议的扩展无需改动硬件，而且不会影响原有功能的正常运行。

7）信息模型的增加或改变无需改动软件，程序应具有自适应能力。

5.2.2.2 主站端子系统功能

1. 数据采集与处理

数据库服务器通过标准服务接口接收来自变电站的各种数据，包括一次系统的实时状态数据及各种异常或事件、视频数据、环境监测数据、二次设备各种参数及运行状态数据等。通过通信采集有关信息，记录事件，故障状态，变位信号等，进行包括对整个数据合理性校验在内的各种预处理，实时更新数据库。

采集的数据首先送往实时数据库，实时数据库可对多个实时监测界面提供实时数据服务，其主要功能包括：面向对象的实时数据的定义与配置；高性能数据索引机制；内存数据库；支持多用户并发；多个实时数据库可以分布式配置并可实现级联。

实时数据库子系统是数据采集与处理系统的核心之一，设计包含实时数据库结构设计和管理程序设计两部分：实时数据库结构设计主要根据数据采集系统的特点和要求设计实时数据库的结构；管理程序负责实时数据库的产生，根据现场修改内容，处理其他任务的实时请求以及对报警和辅助遥控操作等对外界环境的响应等。

2. 事件与报警

数据库服务器实时检测多个数据项的实时值。每当有数据项的值发生变化，它会根据预先定义好的条件进行计算，判断是否应该产生报警和事件。

应用程序通过 DAIS AE 接口向服务器订阅感兴趣的事件和报警。服务器支持多种过滤机制，客户端可以自由定制过滤条件，服务器只发送满足过滤条件的事件和报警。

事件和报警可以大致分为三大类：简单事件、跟踪事件和条件报警。每个大类又可以根据具体的应用要求进一步细分。

3. 历史数据存储

在系统里，记录和存档时序数据的目的如下：

（1）检验一个事件和报警前后的系统状态。

（2）基本的系统仿真。

（3）分析数据间的关系。

（4）系统性能分析。

数据服务器采用 HDAIS 接口向外提供历史数据的读写和查询。

4. 监视功能

系统能对主要电气设备运行参数和设备状态进行监视，监测画面中可随时调出某被关心对象或对象区域的实时视频窗口，画面均能在 1s 的时间内完全显示出来，所有被显示的数据其最高刷新速度为 0.1s。画面调用采用键盘、鼠标方式。

显示的主要画面如下：

（1）电气主接线图，包括设备运行状态信息、环境信息、各主要电气量（电流、电压、频率、有功、无功）等的实时值。

（2）直流系统图，交流系统图。

（3）趋势曲线图，包括历史数据和实时数据。

（4）各保护动作信息及故障录波曲线。

（5）各保护可视化软压板图。

（6）控制操作过程记录及报表。

（7）事故追忆记录报告或曲线。

（8）故障判别和设备故障诊断结果。

（9）设备台账，含状态监测数据。

（10）变压器监测画面，包括主变压器油色谱和相关断路器的状态。

（11）浮动的实时视频窗口，可以随操作对象的不同而跟随变化。

（12）上述各种形式可以被定义或定制。

5. 报警功能

（1）当所采集的模拟量发生越限，数字量发生变位或计算机系统诊断出故障时，能够自动进行报警处理，并自动启动报警信息打印。并能够基于预先定义的报警重要性权重确定优先级别，为不同职责范围的用户提供不同的报警信息，根据不同的职责范围制定不同的报警优先级别。

（2）系统可以实现保护设备资料管理系统和报警处理系统的集成，若监测出保护设备有误动作的情况，资料管理系统可显示保护设备基本资料、动作顺序记录、投运年限、维修情况，以确实掌握保护设备实际运转状况。

6. 控制和操作

对于保护、录波器等自动装置，系统可实现远方控制或设置功能，包括定值区切换、定值设置、压板投退控制。能够验证用户权限及密码，从而有效地保证安全性，所有操作均记录到日志服务器。

7. 视频监控功能

（1）对环境进行防盗、防火、防人为事故的监控，对主要设备（如主变压器、场地设备、高压设备、电缆层、各种电力仪器、电力屏柜等）进行视频监视。

（2）在应用界面中，可对所关心的一次设备、二次设备或局部系统的即时或历史视频图像窗口进行调用，并可对摄像机视角、方位、焦距、光圈、景深进行调节；对于带预置位云台，操作人员能直接进行云台的预置和操作；可以在图像上直接实现对云台镜头的控制如对焦、旋转等。

（3）对视频可控制设备具有机械保护措施，系统在控制雨刷、云台等设备时具有定时功能，即在设定的时间内会自动停止，以防止人工操作的遗忘，从而保护机械结构。

（4）利用并发服务来保证视频设备控制的唯一性，即同一时刻只允许一个操作人员控制同一个对象。

8. 继电保护及故障信息综合处理功能

（1）具有事故回放功能，可将故障状态下的录波数据输入到虚拟仿真平台上，对事故过程的运行工况、设备操作情况进行回演，真实反映现场事故的实际情况。

（2）可以实时数据作为起始工况进行仿真计算，对设备未来的运行状态进行预测；通过"参数发展趋势分析"、"参数异常变化分析"，对故障和事故征兆进行及时预报。

（3）具有故障检索功能，可提供丰富的查询接口，用户可以根据时间、相关的一二次设备、故障类型等多种条件进行查询。

（4）具有波形分析功能，可对保护或故障录波器所记录的故障录波文件进行图形化分析，包括模拟量和开关量的波形分析。

1）能够进行波形显示、波形同步、波形测量、波形峰值查找、波形突变查找、谐波分析、相量分析、序分量分析等。

2）提供可定义的测量量的时间特性分析和域平面轨迹分析功能。

3）能从故障量变化情况、保护动作情况、电网状态变化情况等多个侧面动态、同步地描述任意一次电网故障的发生、发展和消失的全部细节及过程。

4）波形可在时间及测量值两个坐标轴上进行无级缩放，具备游标定位分析功能。

5）波形数据支持标准的 COMTRADE 格式。

6）可通过配置将多个模拟量或开关量进行组合分析。

（5）具有故障定位分析功能，包括：

1）单端数据测距分析，可实现基于线路单端录波数据的故障定位；

2）自动双端（或多端）故障定位分析，根据故障信息记录确定故障线路，然后根据本侧故障信息（时间、线路、性质等）确定对端录波器的同一次故障录波数据，将本侧录波数据、对侧录波数据及线路参数传给故障分析控件，启动控件实现基于双端（或多端）数据的故障测距功能；

3）手动双端（或多端）故障定位分析，当自动双端测距由于二次设备时钟不准确，造成不能自动确定线路对侧录波数据时，可手动选择线路对侧录波数据，进行基于双端（或多端）数据的故障定位。

（6）故障分析功能可形成相应的报告：

1）模拟量分析报告：包括故障前后电压、电流等模拟量有效值、谐波、最大值等；

2）开关量动作分析报告：包括所有接入开关量的详细动作时序报告；

3）故障测距分析结果：故障定位结果可以直观定位在地理图上，显示故障点的地理位置。

9. 高级应用功能

智能变电站的高级应用功能是智能化变电站区别于数字化变电站的重要特征之一。智能化变电站只有具备了高级应用功能，才会成为智能电网中的坚强节点。开发的高级应用功能界面如图 5-8 所示，主要包括以下内容：

（1）网络信息监测。

（2）智能警报处理。

（3）故障信息综合决策分析。

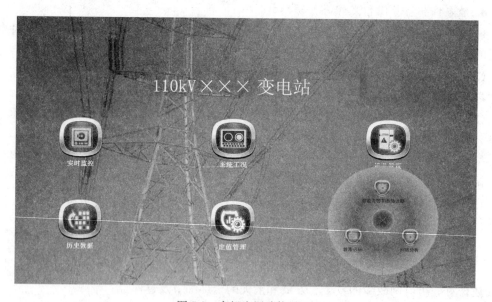

图 5-8　高级应用功能界面

 5.3　基于时序约束网络的警报处理方法

在故障状态下，变电站监控系统会收集到相应的报警及故障动作信息，但这些未经过滤的警报信息无法准确确定故障的位置及原因，同时，报警内容过多，报警处理须人工完成，查找速度慢，报警时效性差，分级显示和组合缺乏。合适的警报处理方法，对于故障的处理及恢复相当重要。

5.3.1 基于时序约束网络的警报处理解析模型

5.3.1.1 时间点与时间距离

时间点可分为确定时间点和不确定时间点。不确定时间点 t 是一个变量，定义时间区间 $T(t)=[t^-,t^+]$，其表示不确定时间点 t 的约束，即 $t \in T(t)$；t^- 和 t^+ 分别表示 $T(t)$ 的起点和终点。当 $t^-=t^+$ 时，t 就是一个确定时间点。时间点约束适于描述事件发生时间不确定的情况，如"在 2008-10-10 12：11：21 100ms～120ms 的某个时刻，断路器 QF2014 跳闸"。

时间距离是指两个时间点之间的时间长度。可以用 $d(t_i,t_j)$ 表示 t_i 和 t_j 之间的时间距离，即 $d(t_i,t_j)=t_j-t_i$。与时间点类似，时间距离可分为确定时间距离和不确定时间距离。不确定时间距离 $d(t_i,t_j)$ 是一个变量，定义 $D(t_i,t_j)=[\Delta t_{ij}^-,\Delta t_{ij}^+]$ 表示不确定时间距离 $d(t_i,t_j)$ 的约束，即 $d(t_i,t_j) \in D(t_i,t_j)$；$\Delta t_{ij}^-$ 和 Δt_{ij}^+ 分别表示区间 $D(t_i,t_j)$ 的起点和终点。当 $\Delta t_{ij}^-=\Delta t_{ij}^+$ 时，$d(t_i,t_j)$ 就是一个确定时间距离。对于给定的问题，$D(t_i,t_j)$ 通常是已知的，其适于描述对时间距离无法精确确定的情况，如"断路器分闸时间在 0.01s～0.02s 之间"可以描述为：$d(t_1,t_2) \in [0.01,0.02]$。其中，$t_1$ 为断路器接收到跳闸指令的时间，t_2 为断路器开始处于分断状态的时间。

时间点和时间距离约束的运算如图 5-9 所示。

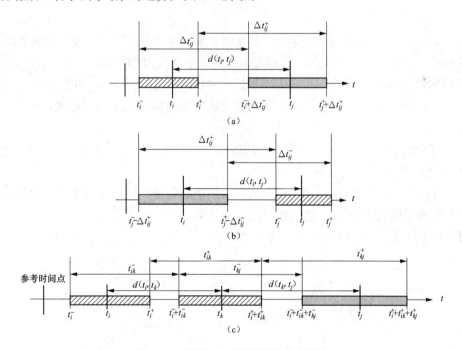

图 5-9　时间点和时间距离约束的运算
(a) 求后继事件时间点的约束；(b) 求前驱事件时间点的约束；(c) 时间距离约束的叠加

设第 i、k 和 j 个事件相继发生，并且发生时间点分别为 t_i、t_k 和 $t_j(t_i \leqslant t_k \leqslant t_j)$。下面定义时间点和时间距离的约束的三个运算：

（1）求后继事件时间点的约束。已知 $T(t_i)$ 和 $D(t_i,t_j)$，求解第 i 个事件的后继事件

时间点 t_j 的约束 $T(t_j)$。如图 5-9 (a) 所示，由 $t_j = t_i + d(t_i, t_j)$ 可得

$$T(t_j) = T(t_i) + D(t_i, t_j)$$
$$= [t_i^-, t_i^+] + [\Delta t_{ij}^-, \Delta t_{ij}^+]$$
$$= [t_i^- + \Delta t_{ij}^-, t_i^+ + \Delta t_{ij}^+] \qquad (5-1)$$

（2）求前驱事件时间点的约束。已知 $T(t_j)$ 和 $D(t_i, t_j)$，求解第 j 个事件的前驱事件时间点 t_i 的约束 $T(t_i)$。如图 5-9 (b) 所示，由 $t_i = t_j - d(t_i, t_j)$ 可得

$$T(t_i) = T(t_j) - D(t_i, t_j)$$
$$= [t_j^-, t_j^+] - [\Delta t_{ij}^-, \Delta t_{ij}^+]$$
$$= [t_j^- - \Delta t_{ij}^+, t_j^+ - \Delta t_{ij}^-] \qquad (5-2)$$

（3）时间距离约束的叠加。已知 $D(t_i, t_k)$ 和 $D(t_k, t_j)$，求解时间点 t_i 与 t_k 之间距离的约束 $D(t_i, t_j)$。如图 5-9 (c) 所示，$D(t_i, t_j) = [t_{ik}^- + t_{kj}^-, t_{ik}^+ + t_{kj}^+]$，因此，可得

$$D(t_i, t_j) = D(t_i, t_k) + D(t_k, t_j) \qquad (5-3)$$

5.3.1.2 时序约束网络的数学描述

时序约束网络是一种有向无环图，能够描述事件之间的时序逻辑关系，其可用以下五元组表示

$$G = <V, E, T, C_1, C_2>$$

其中：

$V = \{v_1, v_2, \cdots, v_N\}$ 为节点集合，其元素 v_i 标识第 i 个事件，N 为 V 中的事件个数；

$E = \{<v_i, v_j> \mid v_i, v_j \in V\}$ 表示有向无环图中有向边的集合；$<v_i, v_j>$ 是由起始节点 v_i 指向终止节点 v_j 的有向边，表示事件 v_i 的发生会触发事件 v_j 的发生；

$T = \{t_{v1}, t_{v2}, \cdots, t_{vN}\}$ 为对应 V 中的各个事件的时间点的集合，t_{vi} 表示事件 v_i 发生的时间点；

$C_1 = \{T(t_{vi}) \mid t_{vi} \in T\}$ 为一元约束的集合，与 T 中元素一一对应，其元素 $T(t_{vi}) = [t_{vi}^-, t_{vi}^+]$ 表示时间点 t_{vi} 的约束；

$C_2 = \{D(t_{vi}, t_{vj}) \mid <v_i, v_j> \in E\}$ 为二元约束的集合，与 E 中元素一一对应；其中，$D(t_{vi}, t_{vj})$ 表示时间点 t_{vi} 与 t_{vj} 之间的时间距离约束。

图 5-10 所示为一个简单的时序约束网络示例。

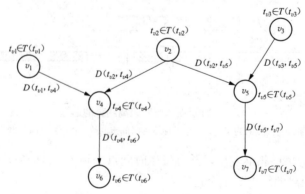

图 5-10 时序约束网络示例

5.3.1.3 基于时序约束网络的时序推理

v_i 到 v_j 的路径是指符合以下条件的有序事件序列 $P=(\tau_1,\ \tau_2,\ \cdots,\ \tau_m)$：① $m\geqslant2$；② $\tau_1=v_i$ 并且 $\tau_m=v_j$；③ $\tau_1,\ \tau_2,\ \cdots,\ \tau_m\in V$；④ $\forall k\in\{1,\ \cdots,\ m-1\}$，有 $<\tau_k,\ \tau_{k+1}>\in E$。

由式（5-4）可确定起点事件 v_i 与终点事件 v_j 发生时间点的时间距离约束

$$D(t_{vi},t_{vj})=\sum_{k=1}^{m-1}D(t_{vk},t_{vk+1}) \tag{5-4}$$

定义运算符 $Start(P)=v_i$ 和 $End(P)=v_j$ 表示获取路径的起点和终点，P 描述了图 5-11 所示的一连串相继发生的事件序列。

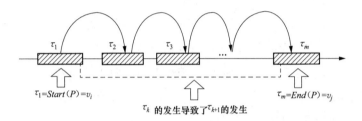

图 5-11 v_i 到 v_j 的路径

时序约束网络的推理包括前向推理和反向推理：

（1）前向推理。前向推理是找出事件 v_i 的发生所触发的所有相继发生的事件集合 $Forward(v_i)$，并确定集合 $Forward(v_i)$ 中的各个事件发生时间点的约束。根据时序约束网络中路径的定义，$Forward(v_i)$ 集合中的事件为以 v_i 为起点的所有路径上非 v_i 的所有节点，即

$$Forward(v_i)=\{v_k\mid v_k\in P\wedge Start(P)=v_i\wedge v_k\neq v_i\} \tag{5-5}$$

设 $v_j\in Forward(v_i)$，根据式（5-1）和式（5-4），可得

$$T(t_{vj})=T(t_{vi})+D(t_{vi},t_{vj}) \tag{5-6}$$

（2）反向推理。与前向推理相反，反向推理是找出可能导致事件 v_j 发生的所有事件集合 $Backward(v_j)$，即 $Backward(v_j)$ 中任何一个事件的发生都会引起 v_j 的发生，并确定 $Backward(v_j)$ 中的各个事件发生时间点的约束。$Backward(v_j)$ 集合中的事件为以 v_j 为终点的所有路径上非 v_j 的所有节点，即

$$Backward(v_j)=\{v_k\mid v_k\in P\wedge End(P)=v_j\mid v_k\neq v_j\} \tag{5-7}$$

设 $v_i\in Backward(v_j)$，根据式（5-2）和式（5-4），可得

$$T(t_{vi})=T(t_{vj})-D(t_{vi},t_{vj}) \tag{5-8}$$

5.3.1.4 电力系统事件发生时序关系建模

1. 时序约束网络拓展

针对所要研究的电力系统警报处理问题的特征，对时序约束网络做一些拓展。

将电力系统中的事件分为两种类型：警报和原因事件。警报是指在调度台接收到的设

备动作或告警信息（如 SOE 信息），比如"A 站断路器 111 跳闸"；原因事件则指会引发一系列警报发生的原因，是警报信息产生的根源。例如，原因事件"A 站 1 线发生接地故障"，可以导致以下警报：① "A 站 1 线距离Ⅰ段动作"；② "B 站 1 线距离Ⅰ段动作"；③ "A 站断路器 111 跳闸"；④ "B 站断路器 111 跳闸"。

节点集合 V 分为以下两部分：

（1）原因事件集合 $V_C = \{c_1, c_2, \cdots, c_{N_C}\}$。其中，$N_C$ 表示 V_C 中原因事件的个数，V_C 中的第 i 个元素 c_i 标识第 i 个原因事件。

（2）警报集合 $V_A = \{a_1, a_2, \cdots, a_{N_A}\}$。其中，$N_A$ 表示 V_A 中警报的个数，V_A 中的第 i 个元素 a_i 标识第 i 个警报。

根据图论中入度的概念，V_C 和 V_A 在数学上可描述为

$$V_C = \{v_i \mid d_D^+(v_i) = 0 \wedge v_i \in V\} \tag{5-9}$$

$$V_A = \{v_i \mid d_D^+(v_i) \neq 0 \wedge v_i \in V\} \tag{5-10}$$

其中，$d_D^+(v_i)$ 表示节点 v_i 的入度，即以 v_i 为终点的有向边的边数。

相应地，$T = \{t_{c1}, \cdots, t_{ci}, \cdots, t_{cNa}, t_{a1}, \cdots, t_{aj}, \cdots, t_{aNA}\}$。其中，$t_{ci}$ 和 t_{aj} 分别表示原因事件 c_i 和警报 a_j 的发生时间点。

2. 定义符号和集合

（1）为了后面描述方便，定义以下符号：

1）(v_i, t_{vi}) 为一个"事件-时间点"组，表示"在 $t = t_{vi}$ 时事件 v_i 发生"。

2）$(v_i, T(t_{vi}))$ 为一个"事件-时间点约束"组，表示"在时间区间 $T(t_{vi})$ 内事件 v_i 发生"。

3）$h = (c_i, T(t_{ci}))$ 为一个原因假说，表示对警报发生的原因的一种假设：警报是"由于在时间区间 $T(t_{ci})$ 内原因事件 c_i 的发生而引起的"。

（2）基于前面所提出的时序推理方法，定义三个重要集合：

1）如图 5-12（a）所示，$Expect[h]$ 为一个"事件-时间点约束"集合，表示原因假说所对应的期望警报信息，即如果原因假说 $h = (c_i, T(t_{ci}))$ 为真，则会导致"在哪段时间内发生哪些事件"。根据式（5-5）和式（5-6），采用前向时序推理可得

$$Expect[h] = Expect[(c_i, T(t_{ci}))] = \{(a_j, T(t_{aj})) \mid a_j \in Forward(c_j) \wedge a_j \in V_A\} \tag{5-11}$$

其中，$T(t_{aj})$ 是根据式（5-6）确定的，即

$$T(t_{aj}) = T(t_{ci}) + D(t_{ci}, t_{aj})$$

定义运算符号"="和"∈"来表示实际接收的警报与期望发生的警报之间的关系：

如果 $a_i = a_j$ 并且 $t_{ai} \in T(t_{aj})$，则

$$(a_i, t_{ai}) = (a_j, T(t_{aj})) \tag{5-12}$$

如果 $(a_i, t_{ai}) = (a_j, T(t_{aj}))$，并且 $(a_j, T(t_{aj})) \in Expect[h]$，则

$$(a_i, t_{ai}) \in Expect[h] \tag{5-13}$$

2）如图 5-12（b）所示，$Cause[(a_j, t_{aj})]$ 表示可能引起"在 $t = t_{aj}$ 时警报 a_j 发生"的原因假说的集合。根据式（5-7）和式（5-8），采用反向时序推理可得

$$Cause[(a_j,t_{aj})] = \{h = (c_i,T(t_{ci}))\,|\,c_j \in Backward(a_j) \wedge c_j \in V_c\} \quad (5\text{-}14)$$

其中，$T(t_{ci})$ 是根据式（5-8）确定的，即

$$T(t_{ci}) = T(t_{aj}) - D(t_{ci},t_{aj})$$

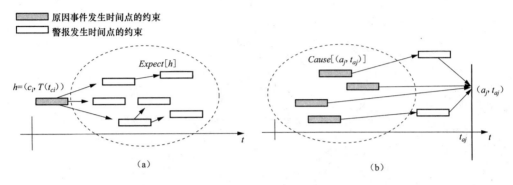

图 5-12　$Expect[h]$ 和 $Cause[(a_j,\ t_{aj})]$ 的基本原理

(a) 事件约束集合；(b) 原因假说集合

3）$Sibling(a_j)$ 表示 a_j 的兄弟警报集合，其定义如下

$$Sibling(a_j) = \{a_k\,|\,a_k \in Forward(c_i) \wedge V_A \wedge c_i \in Backward(a_j) \wedge c_j \in V_c\} \quad (5\text{-}15)$$

式（5-15）说明了警报 a_j 与集合 $Sibling(a_j)$ 中的警报都是关联的，都对应着一些相同的原因事件。这样，一旦警报 a_j 发生，一般情况下 $Sibling(a_j)$ 中的某些警报也会相应的发生。换句话说，对于一个已经发生的警报 a_j，通过 $Sibling(a_j)$ 可以估计出其他也可能发生的警报。对于一个给定的"（警报）事件-时间点"$(a_j,\ t_{aj})$，可确定一个相应的特征时间窗口，使得 $Sibling(a_j)$ 中的警报发生时间点都落在该时间窗内。如图 5-13 所示，对应于 $(a_j,\ t_{aj})$ 的特征时间窗口 $W[(a_j,t_{aj})] = [t_{w,aj}^-,\ t_{w,aj}^+]$ 可通过以下方式确定

$$t_{w,aj}^- = \min\{t_{ai}^-\,|\,a_i \in Sibling(a_j) \wedge T(t_{ai}) = [t_{ai}^-,t_{ai}^+]\} \quad (5\text{-}16)$$

$$t_{w,aj}^+ = \max\{t_{ai}^+\,|\,a_i \in Sibling(a_j) \wedge T(t_{ai}) = [t_{ai}^-,t_{ai}^+]\} \quad (5\text{-}17)$$

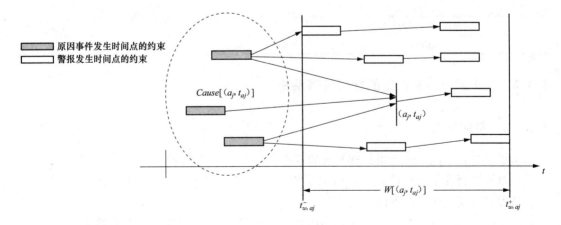

图 5-13　$W[(a_j,t_{aj})]$ 的确定

5.3.1.5 规则库的建立

如图 5-14 所示，规则包含两种类型：①设备故障——保护动作；②保护动作——断路器跳闸。

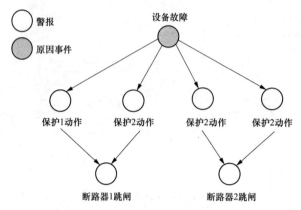

图 5-14 规则类型 1 例子

时间距离的约束通过以下方式确定：

假设事件 A→事件 B 的时间为 t，则取 $[t-\Delta t，t+\Delta t]$ 作为时间距离约束。Δt 取 t 的某个百分比，如取 10％。如事件 A "线路故障" 到事件 B "线路 L2943 纵联差动保护动作" 时间距离为 20ms（从保护定值获得），取

$\Delta t=10％×t=10％×20=2$（ms），则时间距离约束为 $[18，22]$，即在表 tb _ rule _ event _ relation 中的记录见表 5-1。

表 5-1   tb _ rule _ event _ relation

字段名	值
id _ rule	R1
id _ startevent	A
id _ endevent	B
max _ timedistance	22
min _ timedistance	18
enable	TRUE

5.3.2 基于时序约束网络的警报处理系统

5.3.2.1 总体框架

基于时序约束网络的警报处理系统的基本框架如图 5-15 所示。

在对警报处理系统初始化时，首先从规则库中读取警报配置规则以形成时序约束网络。警报配置规则包括以下两种基本形式：

（1）$<c_i，a_j，D(t_{ci}，t_{aj})>$ 表示原因事件 c_i 与警报 a_j 之间的时间距离约束。

（2）$<a_i，a_j，D(t_{ai}，t_{aj})>$ 表示警报 a_i 与 a_j 之间的时间距离约束。

图 5-15 中的映射表包含三种映射数据表格：①$h = (c_i, T(t_{ci})) \rightarrow Expect[h]$；②$(a_j, t_{aj}) \rightarrow$
$Cause[(a_j, t_{aj})]$；③$(a_j, t_{aj}) \rightarrow W[(a_j, t_{aj})]$。

在时序约束网络的初始化完成之后，再通过时序推理建立映射表。当系统在线运行时，映射表将通过其中的元素匹配代替耗时的图的路径搜索，以满足在线运行要求。

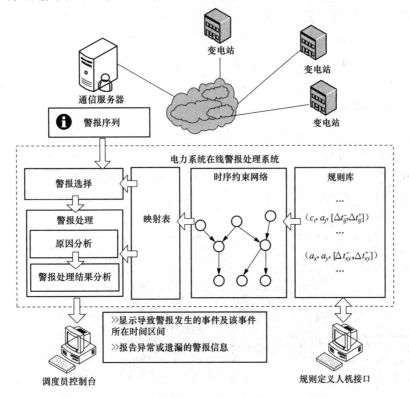

图 5-15　基于时序约束网络的在线警报处理器的基本框架

当在线警报处理系统处于运行状态时，通信服务器将实时接收到的警报序列作为输入，经过警报处理之后，最终将包含以下信息的处理结果显示到调度台。

5.3.2.2　在线智能警报处理流程

(1) 为了便于描述，定义如下几个概念。

1) $Y(h) = (y_1, y_2, \cdots y_q)$ 是一个 q 维的 0-1 向量，与 $Expected[h]$ 中的元素一一对应。其中，q 表示 $Expected[h]$ 中元素的总数。假设 $Expected[h]$ 中与 y_r 所对应的警报是 $(a_j, T(t_{aj}))$，如果 $(a_j, T(t_{aj}))$ 发生了，则 $y_r = 1$；否则，$y_r = 0$。

2) 期望假说 h 的可信度定义如下

$$Credibility[h] = \frac{\sum\limits_{r=1}^{q} y_r}{q} \times 100\% \tag{5-18}$$

其中，y_r 是 $Y(h)$ 中的第 r 个元素。$Credibility[h]$ 表示期望假说 h 对所接收到的警报的解释程度。$Credibility[h] = 100\%$ 说明期望假说 h 为真，即 $Expected[h]$ 中的所有

期望警报与实际的警报完全匹配。$Credibility[h] \neq 100\%$ 说明有一些期望警报并没有发生。如果 $y_r = 0$ 并且 $(a_j, T(t_{aj}))$ 是 $Expected[h]$ 中与 y_r 对应的期望警报，则说明 a_j 为未接收到的警报（丢失的警报信息）。

3）定义假说组 $H = \{h_1, h_2, \cdots, h_p\}$ 为所有的假说的一个集合。其中，p 代表这个假说组 H 中假说的总数。对于一个给定的假说组 H，一个包含了所有假说 h_1, h_2, $\cdots$, h_p 的时间点的时间窗，$W(H) = [t_H^-, t_H^+]$，由以下两个公式确定

$$t_H^- = \min\{t_{aj}^- \mid T(t_{aj}) = [t_{aj}^-, t_{aj}^+] \wedge (a_j, T(t_{aj})) \in Expected[h] \wedge h = (c_i, T(t_{ci})) \wedge h \in H\} \quad (5\text{-}19)$$

$$t_H^+ = \max\{t_{aj}^+ \mid T(t_{aj}) = [t_{aj}^-, t_{aj}^+] \wedge (a_j, T(t_{aj})) \in Expected[h] \wedge h = (c_i, T(t_{ci})) \wedge h \in H\} \quad (5\text{-}20)$$

如果，当时的时间超过了时间窗 $W(H)$，则 H 称为一个溢出的假说组。

4）假说组集合 $HList = \{H_1, H_2, \cdots, H_n\}$ 是承载所有假说组的一个容器，n 为 $HList$ 中所有假说组的总数。h、H 和 $HList$ 三者之间的关系如图 5-16 所示。

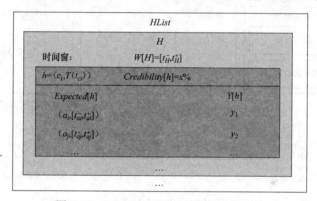

图 5-16　h、H 和 $HList$ 三者之间的关系

（2）在线智能警报处理的关键步骤。首先，所有的候选假说自动地被分为几个假说组，并存入 $HList$ 中；然后，在每个假说组中具有最高可信度的候选假说将被挑选出来作为诊断结果。详细的流程包括警报更新和警报评估两个独立的模块，如图 5-17 所示。

主要的步骤 A~F 介绍如下：

1）步骤 A。判断有哪些假说符合下列条件

$$(a_{aj}, t_{aj}) \mid \in Expected[h] \wedge h \in H \in HList \quad (5\text{-}21)$$

设 h^* 为在下面的步骤中满足式（5-21）的候选假说。

2）步骤 B。更新 $Y(h)^*$ 与 $Credibility[h^*]$。如图 5-18 所示，设 (a_i, t_{aj}) 为新接收到的警报，H^* 是 h^* 所属的假说组。在 $Cause[(a_i, t_{ai})]$ 中的一些假说并不属于 H^*，因此他们应该加入到 H^* 中：

$$H^* = Cause[(a_j, t_{aj})] \bigcup H^* \quad (5\text{-}22)$$

3）步骤 C。如果没有任何候选假说匹配式（5-21），则创建一个新的假说组 H_{n+1}，用于装载新的候选假说。H_{n+1} 初始化为 $H_{n+1} = Cause[(a_i, t_{ai})]$，并且加入到 $HList$ 中去。

4）步骤 D。判断是否有时间已经溢出的假说组，即

$$t \notin W(H) \wedge H \in HList \tag{5-23}$$

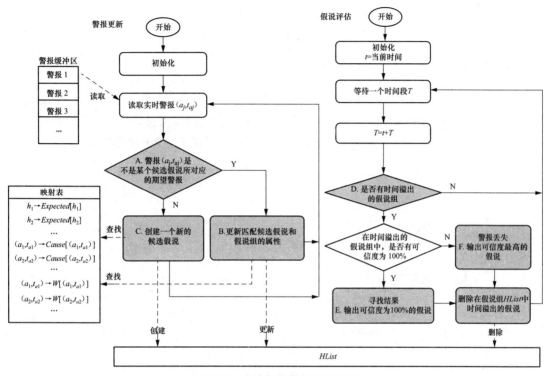

图 5-17　在线智能警报处理流程

如果有时间溢出的假说组，则对假说组中的所有候选假说进行评估。

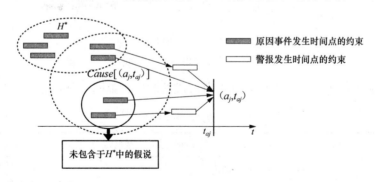

图 5-18　更新假说组

5）步骤 E。如果溢出的假说组中的一个候选假说的可信度为 100%，即

$$Credibility[h] = 100\% \wedge$$
$$h \in H \wedge t \notin W(H) \wedge H \in HList \tag{5-24}$$

则该候选假说为真，它的期望警报与实际接收到的警报完全匹配。可得到诊断结果

$$H^S = \{h \mid Credibility[h] = 100\% \wedge$$
$$h \in H \wedge t \notin W(H) \wedge H \in HList\} \tag{5-25}$$

6）步骤 F。如果最终没有任何假说的可信度达到 100%，可推理出有一些警报丢失了。在时间溢出的假说组中具有最高可信度的候选假说，将作为最优诊断结果输出，即

$$C_{max} = \max\{Credibility[h] \mid h \in H$$
$$\wedge\ t \notin W(H) \wedge H \in HList\} \tag{5-26}$$

$$H^S = \{h \mid Credibility[h] = C_{max}\} \tag{5-27}$$

5.3.3 算例

以图 5-19 所示的某地区 220kV 电力系统发生过的实际警报处理案例为例，来说明本文所提出的模型和方法的可行性和有效性。该案例所接收的警报见表 5-2，其中所列出的警报的时标都是以第一个接收到的警报的时标为基准点（定义此刻的时间为 0）。

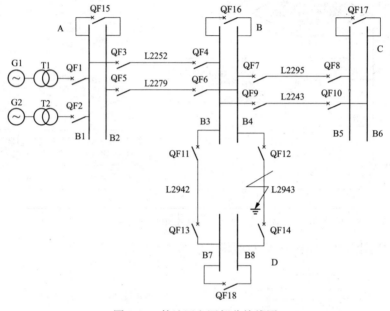

图 5-19　某地区电网部分接线图

该系统的警报配置情况和在此基础上所形成的时序约束网络分别见表 5-4 和图 5-20。

表 5-2　　　　　　　　　　　　接 收 的 警 报 序 列

时标（ms）	变电站	事件	时标（ms）	变电站	事件
0	B	线路 L2943 纵联差动保护动作（RCS-931BM）	328	B	QF16 断路器 B 相跳闸
			329	B	QF16 断路器 C 相跳闸
2	C	线路 L2943 纵联差动保护动作（RCS-931BM）	330	B	QF6 断路器 A 相跳闸
			330	B	QF6 断路器 B 相跳闸
49	B	QF12 断路器 A 相跳闸	331	B	QF6 断路器 C 相跳闸
49	B	QF12 断路器 B 相跳闸	332	B	QF7 断路器 A 相跳闸
50	D	QF14 断路器 A 相跳闸	333	B	QF7 断路器 B 相跳闸
50	D	QF14 断路器 B 相跳闸	333	B	QF7 断路器 C 相跳闸
51	D	QF14 断路器 C 相跳闸	650	C	L2243 线路的 QF10 断路器重合闸投入软压板
279	B	QF12 断路器失灵保护动作（RCS-923A）	1150	A	T2 变压器第一套保护风冷启动
328	B	QF16 断路器 A 相跳闸			

表 5-3　　　　　　　　　　　　　　警报事件和原因事件编号

标识	变电站	事件	标识	变电站	事件
a_1	B	线路 L2943 纵联差动保护动作（RCS-931BM）	a_{18}	B	QF11 断路器 A 相跳闸
			a_{19}	B	QF11 断路器 B 相跳闸
a_2	B	线路 L2943 后备保护动作（RCS-931BM）	a_{20}	B	QF11 断路器 C 相跳闸
			a_{21}	B	QF12 断路器 A 相跳闸
a_3	B	QF12 断路器失灵保护动作（RCS-923A）	a_{22}	B	QF12 断路器 B 相跳闸
			a_{23}	B	QF12 断路器 C 相跳闸
a_4	B	母线差动保护动作出口 B3 母线上的断路器（BP-2P）	a_{24}	B	QF16 断路器 A 相跳闸
			a_{25}	B	QF16 断路器 B 相跳闸
a_5	B	母线差动保护动作出口 B4 母线上的断路器（BP-2P）	a_{26}	B	QF16 断路器 C 相跳闸
			a_{27}	D	L2943 线路纵联差动保护动作（RCS-931BM）
a_6	B	QF4 断路器 A 相跳闸	a_{28}	D	L2943 线路后备保护动作（RCS-931BM）
a_7	B	QF4 断路器 B 相跳闸	a_{29}	D	QF14 断路器 A 相跳闸
a_8	B	QF4 断路器 C 相跳闸	a_{30}	D	QF14 断路器 B 相跳闸
a_9	B	QF6 断路器 A 相跳闸	a_{31}	D	QF14 断路器 C 相跳闸
a_{10}	B	QF6 断路器 B 相跳闸	a_{32}	C	L2243 线路 C10 断路器重合闸投入软压板
a_{11}	B	QF6 断路器 C 相跳闸	a_{33}	A	T2 变压器第一套保护风冷启动
a_{12}	B	QF7 断路器 A 相跳闸	c_1	—	L2943 线路故障
a_{13}	B	QF7 断路器 B 相跳闸	c_2	B	L2943 线路故障，主保护拒动
a_{14}	B	QF7 断路器 C 相跳闸	c_3	B	B3 母线故障
a_{15}	B	QF9 断路器 A 相跳闸	c_4	B	B4 母线故障
a_{16}	B	QF9 断路器 B 相跳闸	c_5	B	QF12 断路器拒动
a_{17}	B	QF9 断路器 C 相跳闸	c_6	D	L2943 线路故障，主保护拒动

注　a_i 表示警报，c_i 表示原因事件。

表 5-4　　　　　　　　　　　　**警 报 配 置 规 则**

用户定义的规则				
$<c_1, a_1,$ $[10, 20]>$	$<c_2, a_2,$ $[950, 1050]>$	$<c_1, a_{27},$ $[10, 20]>$	$<c_6, a_{28},$ $[950, 1050]>$	$<a_2, a_{21},$ $[40, 60]>$
$<a_2, a_{22},$ $[40, 60]>$	$<a_2, a_{23},$ $[40, 60]>$	$<a_1, a_{21},$ $[40, 60]>$	$<a_1, a_{22},$ $[40, 60]>$	$<a_1, a_{23},$ $[40, 60]>$
$<a_{27}, a_{29},$ $[40, 60]>$	$<a_{27}, a_{30},$ $[40, 60]>$	$<a_{27}, a_{31},$ $[40, 60]>$	$<a_{28}, a_{29},$ $[40, 60]>$	$<a_{28}, a_{30},$ $[40, 60]>$
$<a_{28}, a_{31},$ $[40, 60]>$	$<c_4, a_5,$ $[10, 20]>$	$<c_3, a_4,$ $[10, 20]>$	$<c_5, a_3,$ $[220, 250]>$	$<a_5, a_{12},$ $[40, 60]>$
$<a_5, a_{13},$ $[40, 60]>$	$<a_5, a_{14},$ $[40, 60]>$	$<a_5, a_9,$ $[40, 60]>$	$<a_5, a_{10},$ $[40, 60]>$	$<a_5, a_{11},$ $[40, 60]>$
$<a_5, a_{24},$ $[40, 60]>$	$<a_5, a_{25},$ $[40, 60]>$	$<a_5, a_{26},$ $[40, 60]>$	$<a_5, a_{21},$ $[40, 60]>$	$<a_5, a_{22},$ $[40, 60]>$
$<a_5, a_{23},$ $[40, 60]>$	$<a_3, a_9,$ $[40, 60]>$	$<a_3, a_{10},$ $[40, 60]>$	$<a_3, a_{11},$ $[40, 60]>$	$<a_3, a_{24},$ $[40, 60]>$
$<a_3, a_{25},$ $[40, 60]>$	$<a_3, a_{26},$ $[40, 60]>$	$<a_3, a_{12},$ $[40, 60]>$	$<a_3, a_{13},$ $[40, 60]>$	$<a_3, a_{14},$ $[40, 60]>$

用户定义的规则				
$<a_4, a_{24},$ $[40, 60]>$	$<a_4, a_{25},$ $[40, 60]>$	$<a_4, a_{26},$ $[40, 60]>$	$<a_4, a_6,$ $[40, 60]>$	$<a_4, a_7,$ $[40, 60]>$
$<a_4, a_8,$ $[40, 60]>$	$<a_4, a_{15},$ $[40, 60]>$	$<a_4, a_{16},$ $[40, 60]>$	$<a_4, a_{17},$ $[40, 60]>$	$<a_4, a_{18},$ $[40, 60]>$
$<a_4, a_{19},$ $[40, 60]>$	$<a_4, a_{20},$ $[40, 60]>$			

表 5-5 (a_j, t_{aj}) 对应的 $Cause[(a_j, t_{aj})]$

(a_j, t_{aj})	$Cause[(a_j, t_{aj})]$	(a_j, t_{aj})	$Cause[(a_j, t_{aj})]$
$(a_1, 0)$	$(c_1, [-20, -10])$	$(a_{25}, 328)$	$(c_5, [18, 68])$, $(c_3, [248,$ $278])$, $(c_4, [248, 278])$
$(a_{27}, 2)$	$(c_1, [-18, -8])$		
$(a_{21}, 49)$	$(c_1, [-31, -1])$, $(c_2, [-1051,$ $-941])$, $(c_4, [-31, -1])$	$(a_{26}, 329)$	$(c_5, [19, 69])$, $(c_3, [249,$ $279])$, $(c_4, [249, 279])$
$(a_{22}, 49)$	$(c_1, [-31, -1])$, $(c_2, [-1051,$ $-941])$, $(c_4, [-31, -1])$	$(a_9, 330)$	$(c_5, [20, 70])$, $(c_3, [250, 280])$
		$(a_{10}, 330)$	$(c_5, [20, 70])$, $(c_3, [250, 280])$
$(a_{29}, 50)$	$(c_1, [-30, 0])$, $(c_6, [-1050, -940])$	$(a_{11}, 331)$	$(c_5, [21, 71])$, $(c_3, [251, 281])$
$(a_{30}, 50)$	$(c_1, [-30, 0])$, $(c_6, [-1050, -940])$	$(a_{12}, 332)$	$(c_5, [22, 72])$, $(c_3, [252, 282])$
$(a_{31}, 51)$	$(c_1, [-29, 1])$, $(c_6, [-1049, -939])$	$(a_{13}, 333)$	$(c_5, [58, 108])$, $(c_3, [288, 318])$
$(a_3, 279)$	$(c_5, [29, 59])$	$(a_{14}, 333)$	$(c_5, [58, 108])$, $(c_3, [288, 318])$
$(a_{24}, 328)$	$(c_5, [18, 68])$, $(c_3, [248, 278])$, $(c_4, [248, 278])$		

表 5-6 h_i 对应的 $Expect[h_i]$

h_i	$Expect[h_i]$
$(c_1, [-18, -8])$	$(a_1, [-8, 10])$, $(a_{21}, [32, 70])$, $(a_{22}, [32, 70])$, $(a_{23}, [32, 70])$, $(a_{27}, [-8,$ $10])$, $(a_{29}, [32, 70])$, $(a_{30}, [32, 70])$, $(a_{31}, [32, 70])$
$(c_2, [-1051, -941])$	$(a_2, [-1041, -921])$, $(a_{21}, [-1001, -861])$, $(a_{22}, [-1001, -861])$, $(a_{23},$ $[-1001, -861])$
$(c_3, [253, 278])$	$(a_4, [263, 298])$, $(a_{24}, [303, 358])$, $(a_{25}, [303, 358])$, $(a_{26}, [303, 358])$, $(a_6, [303, 358])$, $(a_7, [303, 358])$, $(a_8, [303, 358])$, $(a_{15}, [303, 358])$, $(a_{16},$ $[303, 358])$, $(a_{17}, [303, 358])$, $(a_{18}, [303, 358])$, $(a_{19}, [303, 358])$, $(a_{20},$ $[303, 358])$
$(c_4, [-31, -1])$	$(a_5, [-21, 19])$, $(a_{12}, [19, 79])$, $(a_{13}, [19, 79])$, $(a_{14}, [19, 79])$, $(a_9, [19,$ $79])$, $(a_{10}, [19, 79])$, $(a_{11}, [19, 79])$, $(a_{24}, [19, 79])$, $(a_{25}, [19, 79])$, $(a_{26},$ $[19, 79])$, $(a_{21}, [19, 79])$, $(a_{22}, [19, 79])$, $(a_{23}, [19, 79])$
$(c_4, [249, 278])$	$(a_5, [259, 298])$, $(a_{12}, [299, 358])$, $(a_{13}, [299, 358])$, $(a_{14}, [299, 358])$, $(a_9, [299, 358])$, $(a_{10}, [299, 358])$, $(a_{11}, [299, 358])$, $(a_{24}, [299, 358])$, $(a_{25},$ $[299, 358])$, $(a_{26}, [299, 358])$, $(a_{21}, [299, 358])$, $(a_{22}, [299, 358])$, $(a_{23},$ $[299, 358])$
$(c_5, [29, 59])$	$(a_3, [249, 309])$, $(a_{12}, [289, 369])$, $(a_{13}, [289, 369])$, $(a_{14}, [289, 369])$, $(a_9, [289, 369])$, $(a_{10}, [289, 369])$, $(a_{11}, [289, 369])$, $(a_{24}, [289, 369])$, $(a_{25},$ $[289, 369])$, $(a_{26}, [289, 369])$
$(c_6, [-1049, -940])$	$(a_{28}, [-99, 110])$, $(a_{29}, [-49, 190])$, $(a_{30}, [-49, 190])$, $(a_{31}, [-49, 190])$

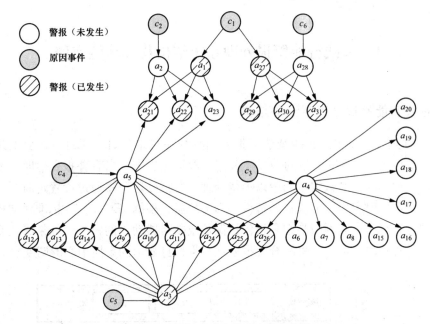

图 5-20　算例所形成的时序约束网络

警报处理的关键步骤如下：

(1) 创建假说组，确定候选原因假说集合 $H=\{h_1, h_2, \cdots, h_p\}$。

1) 首先，根据表 5-5 中所列出的 $Cause[(a_j, t_{aj})]$ 确定 $\bar{H}$。经过对 $\bar{H}$ 中相关的假说进行合并后，最终可得两个假说组

$H_1 = \{h_1,h_2,h_3,h_4\}$
$= \{(c_1,[-18,-8]),(c_2,[-1051,-941]),(c_4,[-31,-1]),(c_6,[-1049,-940])\}$
$H_2 = \{h_5,h_6,h_7\} = \{(c_3,[253,278]),(c_4,[249,278]),(c_5,[29,59])\}$

2) 确定 H 中每一个 $h_i(i=1, 2, \cdots, 7)$ 所对应的 $Expect[h_i]$，见表 5-6。

(2) 假说评估。有假说组溢出，则对该假说组进行假说评估，可得到最高可信度的候选假说，即导致警报集合 A 发生的原因集合为 $H^s=\{h_1, h_7\}=\{(c_1, [-18, -8]), (c_5, [29, 59])\}$。可推导出警报集合 A 发生的原因为：

在 $-18\sim-8$ms 期间，线路 L2287 发生故障；在 $29\sim59$ms 期间，B 站 QF12 断路器拒动。

(3) 结果分析。

1) h_1 的可信度为 87.5%，可知有遗漏的警报信息 "QF12 断路器 C 相跳闸"。

2) h_7 的可信度为 100%，则假说为真。

实际发生的事件如下：在 $t=-14$ms 时，线路 L2287 发生故障，D 站主保护动作并成功跳开 QF14 断路器；B 站主保护动作并向 QF12 断路器发送跳闸指令，但 QF12 断路器 A 相拒动，结果导致 QF12 断路器失灵保护（即 RCS-923A）动作，跳开 B4 母线上的断路器 QF6 和 QF7。

5.4 在线智能警报处理系统结构及其功能实现

5.4.1 在线智能警报处理系统的结构

如图 5-21 所示，变电站在线智能警报处理系统在初始化时，通过解析变电站配置描述语言（SCL）文件，将变电站的警报配置存入数据库当中。当有警报发生时，警报接收程序先将警报存储在实时数据库当中以等待处理。警报处理程序通过设置定时器周期性地从数据库中读取实时警报，形成初始警报队列。然后，根据 IEC 61850 标准对初始警报队列中的警报进行分类，并判断其中是否包括保护或断路器动作的警报；如果有，则启动在线智能警报处理模块。最后，将综合警报处理结果信息显示到集控中心的调度台。

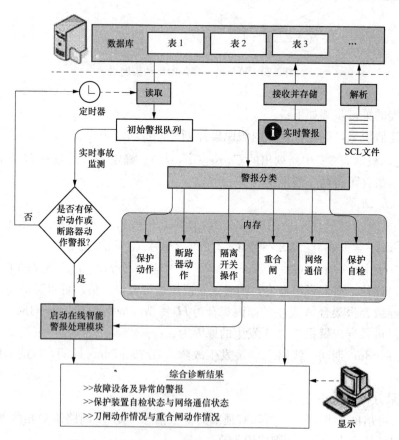

图 5-21 在线智能警报处理系统框架

5.4.2 基于 IEC 61850 标准的警报处理

5.4.2.1 基于 IEC 61850 标准的设备建模

IEC 61850 标准旨在实现不同厂家提供的 IED 之间的互操作，因此，IEC 61850 标准定义了一个标准方法来对 IED 进行建模，使得所有 IED 能够利用相同的模型结构来传输数据。基于面向对象技术，IEC 61850 标准在 IED 中建立分层对象模型，如图 5-22 所示。在该分层对象模型中，分

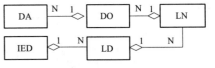

图 5-22　对象模型分层结构

别定义了逻辑设备（LD）、逻辑节点（LN）、数据（DO）与数据属性（DA）几个对象。其中，IED 包含了多个 LD，LD 包含了多个 LN，LN 是多个 DO 的一个集合，而 DO 则由多个 DA 组成。

变电站配置描述语言（SCL）是由 IEC 61850 标准规定的用于描述变电站中 IED 的配置语言。采用 SCL 对 IED 的配置信息进行描述，能够屏蔽 IED 之间的差异，实现 IED 之间的互操作，方便系统的集成，最终可实现将 IED 的所有配置信息存储在由 SCL 编写的文件中。

5.4.2.2　基于 IEC 61850 标准的警报分类

为了实现 IED 之间信息的交互，IEC 61850 标准制定了将设备模型映射到制造报文规范（MMS）的方法。其将 LD 映射到 MMS 的域，LN 映射到 MMS 的命名变量，DO 与 DA 都映射到 MMS 的命名变量的结构组件中。这样做就使得每个基于 IEC 61850 标准的数据对象都能够被唯一而清晰地标识出来。

变电站中上传的警报就是基于 IEC 61850 标准的 MMS 命名变量来唯一标识的，其一般格式为："IED_逻辑设备/逻辑节点 $ 功能约束 $ 数据 $ 数据属性"，这称为警报 ID。假设一个逻辑设备名为 "Relay0"，其包含断路器逻辑节点 XCBR1，则如图 5-23 所示的 ID 可以标识该断路器的开关状态。

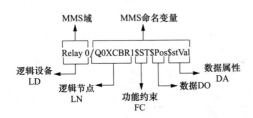

图 5-23　基于 IEC 61850 标准的对象名称

根据 IEC61850 标准的规定，不同类型的警报的 ID 具有不同的特征。以 LN 为例进行说明：保护动作类的 LN 是由 P 字母开头的；断路器动作类的 LN 为 XCBR；隔离开关操作类的 LN 为 XSWI 等。因此，根据警报 ID 的特征，可对警报进行分类，主要包括以下几种：保护动作、断路器动作、隔离开关操作、重合闸、保护自检、网络通信。详细的警报分类规则如表 5-7 所示。

表 5-7　　　　　　　　　　　　警 报 分 类 规 则

类型	特征
断路器动作	逻辑节点：XCBR；功能约束：ST； 数据对象：Pos；数据属性：stVal，q，t
保护动作	逻辑节点：P…；数据对象：Op； 数据属性：general，phsA，phsB，phsC
隔离开关操作	逻辑节点：XSWI；功能约束：ST； 数据对象：Pos；数据属性：stVal，q，t

类型	特征
重合闸	逻辑节点：RREC；数据对象：Op； 数据属性：general，phsA，phsB，phsC
保护自检	逻辑节点：GGIO；前缀：chk； 功能约束：ST；数据对象：Ind； 数据属性：stVal
网络通信	逻辑节点：GGIO；前缀：Q0； 功能约束：ST；数据对象：Ind； 数据属性：stVal

5.4.3 在线智能警报处理方法

5.4.3.1 基本概念

定义与警报处理相关的一些基本概念：

（1）a_j 表示变电站的某一个警报事件。

（2）c_i 表示一个警报发生的原因假说，即警报的出现是"由于事件 c_i 的发生而引起的"。一个警报 a_j 可能对应多个原因假说，定义 $Cause(a_j) = \{c_i \mid i=1，2，\cdots，n\}$ 为可能引起警报 a_j 发生的原因假说集合，n 为原因假说的个数。在图 5-24 所示的例子中，$Cause(a_1) = \{c_1，c_2\}$。

（3）$Expected(c_i) = \{a_j \mid j=1，2，\cdots，m\}$ 为原因假说 c_i 对应的期望警报集合，即如果原因假说 c_i 为真，则会导致的相关警报的集合。在图 5-24 所示的例子中，$Expected(c_2) = \{a_1，a_2，a_3，a_4\}$。

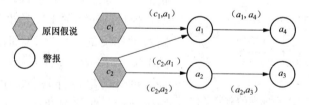

图 5-24　规则的简单案例

（4）警报处理规则可根据电网配置、保护和断路器的动作逻辑等知识建立起来，可分为两类：

1）$(c_i，a_j)$。表示原因事件 c_i 的发生引起警报 a_j 的出现。例如"线路 L1 接地故障"事件的发生，将会引起"线路 L1 上的零序过流 I 段动作"警报的发生。如图 5-23 所示例子，属于这种类型的规则有 $(c_1，a_1)$、$(c_2，a_1)$、$(c_2，a_2)$。

2）$(a_j，a_k)$。表示警报 a_j 的发生会引起另一个警报 a_k 的出现。例如"线路 L1 距离 I 段动作"警报的发生，将会引起"线路 L1 所连接的断路器跳闸"警报的出现。在图 5-24 所示的例子中，属于这种类型的规则有 $(a_1，a_4)$、$(a_2，a_3)$。

（5）定义原因假说组 $G_k = \{c_1，c_2，\cdots，c_p\}$ 为原因假说的集合。其中，p 表示 G_k 中

原因假说的总数。

（6）定义原因假说组集合 $S=\{G_1，G_2，\cdots，G_z\}$ 为承载所有原因假说组的"容器" / 集合，z 为 S 中原因假说组的总数。

5.4.3.2　在线智能警报处理基本原理

在线智能警报处理的基本原理如图 5-25 所示。在系统初始化时，从规则库中将所有规则读入内存中；当接收到实时警报时，根据警报处理规则，推理生成候选的原因假说；然后，定时对候选的原因假说进行评估，分析出引起警报发生的原因；最后，将警报处理结果显示到集控中心的调度台。其中，候选原因假说生成和原因假说真实性评估是所提出的警报处理方法的核心内容。

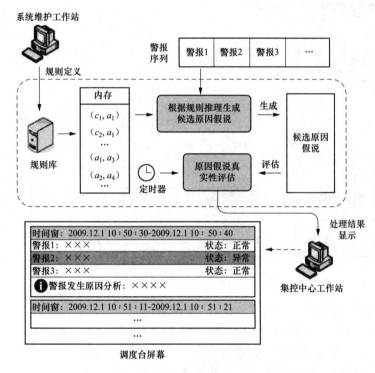

图 5-25　在线智能警报处理基本原理

5.4.3.3　候选原因假说生成和原因假说真实性评估

变电站出现问题或发生故障时，能够在极短的时间内将警报上传至集控中心。为了满足变电站的实时警报处理要求，采用候选原因假说生成与原因假说真实性评估同时在线并列运行的模式，其详细流程如图 5-26 所示。

1. 候选原因假说生成

候选原因假说生成是根据警报处理规则推理分析出警报发生的可能原因，该模块将引起相关联的警报发生的所有可能原因存于同一个原因假说组。

设在时刻 t 接收到实时警报 a_j，且 $G_k=\{c_1，c_2，\cdots，c_v\}$，$S=\{G_1，G_2，\cdots，G_z\}$。

如图 5-25 所示，在线智能警报处理的主要步骤如下：

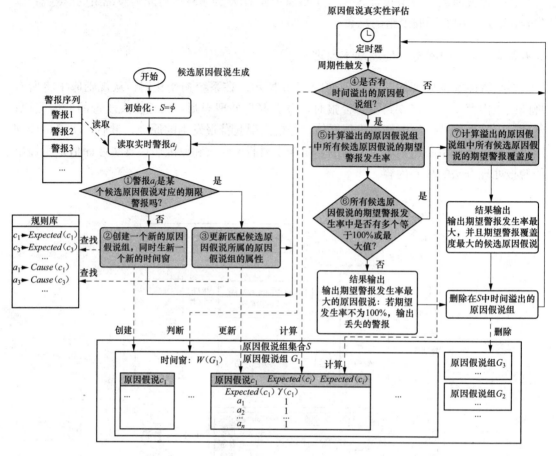

图 5-26　在线智能警报处理流程

① 确定原因假说集合

$$C^* = \{c_i \mid a_j \in Expected(c_i) \bigcap c_i \in G_k \bigcap G_k \in S\} \tag{5-28}$$

如果 $C^* = \varnothing$，则转步骤②；否则转步骤③。

② 创建一个新的原因假说组 G_{z+1}，并将其初始化为 $G_{z+1} = Cause(a_j)$，之后加入到 S 中去，即

$$S = S \bigcup G_{z+1} \tag{5-29}$$

同时，确定原因假说组 G_{z+1} 对应的时间窗 $W(G_{z+1}) = [t, t+T]$；时间窗的长度 T 是由人工设置的，其确定原则为：保证能在一个时间窗内接收到一个故障的所有实时警报。$W(G_{z+1})$ 用于后面的原因假说真实性评估。

③ 如果 $c_i \in C^* \bigcap c_i \in G_k$，则应该把在 $Cause(a_j)$ 中但并不属于 G_k 的原因假说（即 $c_b \in Cause(a_j) \bigcap c_b \notin G_k$）加入到 G_k 中，即

$$G_k = \{c_b \mid Cause(a_j) \bigcap c_b \notin G_k\} \bigcup G_k \tag{5-30}$$

2. 原因假说真实性评估

设当前时间为 $t_{current}$，对于原因假说组 G_k，如果当前时间超出其对应的时间窗，即

$t_{current} \not\subset W(G_k)$，则称 G_k 为时间溢出的原因假说组。一旦存在时间溢出的原因假说组，则启动对此原因假说组中的各个原因假说进行真实性评估，其评估标准则是根据下述期望警报发生率和期望警报覆盖度来确定的。

定义 $Y(c_i)=(y_1, y_2, \cdots, y_q)$ 为 q 维的 0-1 向量。其中，$Y(c_i)$ 与 $Expected(c_i)$ 中的元素一一对应。假设 $Expected(c_i)$ 中与 y_r 对应的警报为 a_j，如果 a_j 发生了，则 $y_r=1$；否则 $y_r=0$。

原因假说 c_i 的期望警报发生率定义如下

$$Occurrence(c_i) = \frac{\sum_{r=1}^{q} y_r}{q} \times 100\% \tag{5-31}$$

其中，$\sum_{r=1}^{q} y_r$ 表示 $Expected(c_i)$ 中所包括的警报的总数。

原因假说 c_i 的期望警报覆盖度定义如下

$$Coverage(c_i) = \frac{\sum_{r=1}^{q} y_r}{h} \times 100\% \tag{5-32}$$

其中，$\sum_{r=1}^{q} y_r$ 表示 $Expected(c_i)$ 中发生的警报的总数；h 为在一个时间窗内接收到的实时警报的总数。

如图 5-26 所示，原因假说真实性评估包括下述主要步骤：

④ 判断是否存在原因假说组 G_k 符合 $tcurrent \not\subset W(G_k)$。如果有，则转步骤⑤。

⑤ 根据式（5-31）计算 G_k 中所有候选原因假说的期望警报发生率，即 $Occurrence(c_i) \bigcap c_i \in G_k$。

⑥ 对步骤④计算出的 G_k 的所有候选原因假说的期望警报发生率进行判断，如果只有一个候选原因假说的期望警报发生率满足

$$Occurrence(c_i) = 100\% \bigcap c_i \in G_k \bigcap tcurrent \not\subset W(G_k) \bigcap G_k \in S \tag{5-33}$$

则说明原因假说 c_i 为真，即 $Expected(c_i)$ 中的所有期望警报与实际警报完全匹配，可分析出警报发生的原因为

$$R(G_k) = \{c_i \mid Occurrence(c_i) = 100\% \bigcap c_i \in G_k \bigcap tcurrent \not\subset W(G_k) \bigcap G_k \in S\}$$

$$\tag{5-34}$$

如果最终 G_k 中没有一个候选原因假说的期望警报发生率达到100%，但只有一个候选原因假说具有最高的期望警报发生率，则取该候选原因假说作为最优的警报处理结果输出

$$Occurrence_{\max} = \max\{Occurrence(c_i) \mid c_i \in G_k \bigcap tcurrent \not\subset W(G_k) \bigcap G_k \in S\} \tag{5-35}$$

$$R(G_k) = \{c_i \mid Occurrence(c_i) = Occurrence_{\max}\} \tag{5-36}$$

此时，分析可知有一些警报信息丢失了：当 $y_r=0$ 并且 a_j 是 $Expected(c_i)$ 中与 y_r 对应的期望警报时，则说明 a_j 为未接收到的警报，即为丢失的警报信息。

如果步骤④计算出的 G_k 的所有候选原因假说的期望警报发生率中有多个满足式（5-33）或式（5-35），则转步骤⑦。

⑦ 如图 5-23 所示，当 c_1 与 c_2 的期望警报都已发生，则 c_1 与 c_2 的期望警报发生率可求得为 $Occurrence(c_1)=100\%$，$Occurrence(c_2)=100\%$。这时，根据候选原因假说的期望

警报发生率将无法得出警报发生的原因。因此，当 G_k 的所有候选原因假说的期望警报发生率中有多个满足式（5-33）或式（5-35）时，还要比较它们的 $Coverage(c_i)$，才能确定警报发生的原因。此时，取 G_k 中满足式（5-33）或式（5-35）的所有候选原因假说中，具有最高的 $Coverage(c_i)$ 的候选原因假说作为最终的警报处理结果，即

$$Coverage_{max} = \max\{Coverage(c_i) \mid c_i \in G_k \bigcap tcurrent \not\subset W(G_k) \bigcap G_k \in S\} \tag{5-37}$$

$$R(G_k) = \{c_i \mid Occurrence(c_i) = Occurrence_{max} \bigcap Coverage(c_i) = Coverage_{max}\} \tag{5-38}$$

例如，根据式（5-32）计算图 5-23 所示例子中 c_1 与 c_2 的期望警报覆盖度：$C_{overage}(c_1) = 50\%$，$Coverage(c_2) = 100\%$，最后得出 c_2 为最终诊断结果。

5.4.4　示例

基于所发展的变电站在线智能警报处理方法，开发了相应的软件系统，并已成功应用于部分变电站中。为验证该在线智能警报处理方法，这里以图 5-27 所示的某变电站的故障案例作为算例介绍，接收到的实时警报如表 5-8 所示。

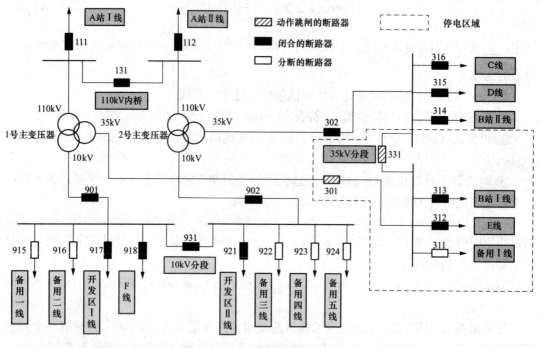

图 5-27　某变电站接线图

表 5-8　　　　　　　　　　　　　　接 收 到 的 实 时 警 报

时刻（ms）	警报 ID	警报内容	警报类型
11	PCOS_P10LINE3/Q0GGIO1 $ ST $ Alm15 $ stVal	10kV 开发区 I 线保护自检出错	保护自检
29	PCOS_PZB1M/Q0GGIO4 $ ST $ Ind31 $ stVal	1 号主变压器中后备保护通信装置 goose 接收中断	网络通信
50	PCOS_P35LINE3/Q0PTOC1 $ ST $ Op $ general	35kV B站 I 线过流 I 段保护动作	保护动作

续表

时刻（ms）	警报 ID	警报内容	警报类型
1550	PCOS_PZB1M/Q0PTOC1 $ ST $ Op $ general	1号主变压器中后备复压过流Ⅰ段保护动作	保护动作
1599	PCOS_P35FD/Q0XCBR1 $ ST $ Pos $ stVal	331断路器动作	断路器动作
2004	PCOS_PZB1M/Q0XCBR1 $ ST $ Pos $ stVal	301断路器动作	断路器动作

（1）警报分类。根据接收到的实时警报，首先进行警报分类，结果见表5-8中。其中，1个警报属于保护自检类；1个警报属于网络通信类；2个警报属于保护动作类；2个警报属于断路器动作类。由于实时警报队列中存在保护动作和断路器动作警报，因而启动在线智能警报处理模块。

（2）候选原因假说生成。首先根据规则库推理出实时警报对应的所有候选原因假说，见表5-9。

表5-9　　　　　　　候选原因假说编码

标识	警报事件
c_1	35kV B站Ⅰ线故障，过流Ⅰ段保护动作，313断路器正常动作
c_2	35kV B站Ⅰ线故障，过流Ⅰ段保护动作，313断路器拒动
c_3	35kV B站Ⅰ线故障，过流Ⅰ段保护拒动，过流Ⅱ段保护动作，313断路器拒动
c_4	35kV E线故障，过流Ⅰ段保护动作，312断路器拒动
c_5	35kV E线故障，过流Ⅰ段保护拒动，过流Ⅱ段保护动作，312断路器拒动

（3）由于所收到警报的对应候选原因假说之间相互关联，因此都将包含于一个原因假说组之中，设为 G_1。并且，为了保证能读取到一个事件/故障所引起的所有警报，取时间窗的长度 $T=10s$。

（4）为便于描述，创建案例的规则网络。首先，对候选原因假说和相关的警报信息进行编号，见表5-9和表5-10。本算例的重点在于描述所发展的在线智能警报处理方法的实现过程，由于篇幅所限，这里只列出部分规则，见表5-11。由表5-11的规则库形成的规则网络如图5-28所示。

表5-10　　　　　　　警报信息编码

标识	警报事件	标识	警报事件
a_1	35kV B站Ⅰ线过流Ⅰ段保护动作	a_6	1号主变压器中后备复压过流Ⅱ段保护动作
a_2	35kV B站Ⅰ线过流Ⅱ段保护动作	a_7	301断路器动作
a_3	313断路器动作	a_8	35kV E线过流Ⅰ段保护动作
a_4	1号主变压器中后备复压过流Ⅰ段保护动作	a_9	35kV E线过流Ⅱ段保护动作
a_5	331断路器动作	a_{10}	312断路器动作

（5）原因假说真实性评估。一旦定时器查询到 G_1 符合 $t_{current} \not\subset W(G_1)$ 时，可根据期望警报发生率计算式（5-31），计算 G_1 的所有候选原因假说的期望警报发生率，结果见表5-12。由于最大的期望警报发生率只有一个，即 $c_2=80\%$，所以不需要再计算期望警报覆盖度就可以得到诊断结果。

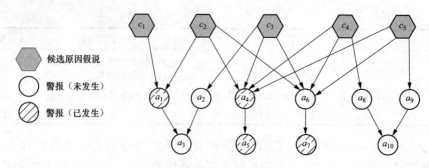

图 5-28 案例规则网络

表 5-11 规 则 库

规则库						
(c_1, a_1)	(c_2, a_1)	(c_2, a_4)	(c_2, a_6)	(c_3, a_2)	(c_3, a_4)	(c_3, a_{61})
(c_4, a_4)	(c_4, a_6)	(c_4, a_8)	(c_5, a_4)	(c_5, a_6)	(c_5, a_9)	(a_1, a_3)
(a_2, a_3)	(a_4, a_5)	(a_6, a_7)	(a_8, a_{10})	(a_9, a_{10})		

表 5-12 候选原因假说的期望警报发生率

候选原因假说	期望警报发生率	候选原因假说	期望警报发生率
c_1	50%	c_4	60%
c_2	80%	c_5	60%
c_3	60%		

（6）结果评价。从表 5-12 中取具有最高期望警报发生率的候选原因假说作为诊断结果，则诊断结果为："35kV B 站 I 线故障，过流 I 段保护动作，313 断路器拒动"，并且警报"1 号主变压器中后备复压过流 II 段保护动作"应该出现，但未收到，属于丢失警报。而且，由于接收到了一个网络通信警报"1 号主变压器中后备保护通信装置 goose 接收中断"，可据此推断出警报丢失的原因为网络通信出现故障。诊断结果与实际故障情况相符。

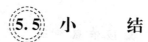 **5.5** 小　　结

本章提出了一体化二次系统结构设计方案，研发了一体化变电站监测预警与决策系统，智能变电站的各种功能都共用统一的信息平台，避免设备的重复投资，节约安装和维护成本，事故隐患能够早期发现并得到及时处理，能够给变电站的运行提供真正的安全保障。

基于时序约束网络构建了一种能够充分利用警报信号时序特性的电力系统警报处理的解析模型。所建立的模型不仅能够分析出导致警报发生的具体事件，而且可以推理出发生该事件的时间区间。此外，其还可以识别出存在异常或遗漏的警报信息。实际系统的算例测试结果表明所提出的警报处理模型正确、方法有效，满足在线应用要求。

第 **6** 章

智能变电站信息综合分析与故障诊断系统

随着基于 IEC 61850 标准的智能化变电站技术日益成熟，从根本上改变了传统变电站二次设备的基本面貌，智能电子设备的采用使得变电站一、二次设备结合成为现实，全数字化的设备、基于网络的信息共享，电网数据信息已变得异常丰富。很多变电站还安装了自动气象站、环境监测、火灾探测装置，断路器状态在线监测、变压器油色谱在线监测装置等也得到了大规模推广，设备的状态监测信息、保护断路器的动作信息和故障录波信息日趋丰富，这些都为变电站故障诊断提供了有利条件。

(**6.1**) 故障信息综合分析决策系统原理

故障信息综合分析决策系统综合利用故障情况下的一次设备（变压器、断路器等）的状态信息、保护装置的动作信息、监测装置的测量信息、故障录波数据等，构建变电站故障诊断数据库，对数据进行挖掘和多专业综合分析，实现在线故障诊断；采用专家系统进行故障分析，提出辅助决策方案；并将变电站故障分析结果以简洁明了的可视化界面综合展示。

故障信息综合分析决策系统结构如图 6-1 所示。

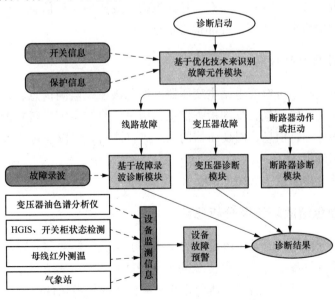

图 6-1　故障信息综合分析决策系统总体设计结构

采用第 5 章提出的警报处理方法，对断路器变位信息，继电保护动作信息进行综合分析，识别故障元件，进而进行线路、变压器和断路器诊断。

变 压 器 综 合 诊 断

6.2.1　变压器综合诊断基本思路

仅仅根据变压器油色谱的数据，最多只能得出变压器基本的故障类型，要对变压器进行详细而准确的诊断，必须综合各种信息，如：油色谱信息，油压、油位、油温信息，电气、化学试验结果和运行检修史。同时必须将各类信息的关系及分析判断的结果进行整合，把各类信息逻辑相关地显示给运行人员，以方便运行人员进行查阅，并对变压器的整体状况进行分析，及时对其进行诊断和维修。

当变压器内部存在过热、放电等故障时，除了热源使绝缘材料分解产气之外，还伴有其他电气、物理、化学性能的变化。有时随着内部故障的发生和发展，设备内部压力和油温上升等，从外观方面也有可能发现某种异常现象。另一方面，油中故障特征气体的产生有时与运行和检修情况有关。因此，当根据油中气体分析认为可能存在内部故障时，还应结合电气、化学试验结果和运行检修史，以及外部检查等进行综合判断。这样，不仅有助于明确判断故障类型，而且也有利于对故障部位做出估计。根据综合诊断结果，应提出防止事故的相应措施，给出变压器的信息。

6.2.2　变压器综合诊断总体框架

变压器综合诊断总体框架如图 6-2 所示。

变压器综合分析考虑的数据主要有油色谱数据、变压器动作信息、变压器电气试验信息、变压器运行和检修史、变压器外部检查信息等。

6.2.3　变压器综合诊断流程

变压器状态诊断程序可对变电站主变压器的油色谱在线监测信息、保护动作信息、变压器基本信息、电气试验信息、外部检查信息、历史检修信息等进行查询、分析、诊断和综合处理。利用各种综合信息、对变压器的状态进行诊断，可以让运行人员快速地对变压器的状态进行详细分析。

变压器状态综合诊断流程如图 6-3 所示。

6.2.4　变压器油色谱故障诊断分析思路

变压器油色谱分析的目的是了解设备的现状，了解发生异常和故障的原因，预测设备未来的状态，以便将设备维修方式由传统的定期预防性维修，改革为设备状态检测维修，即预知维修。因此，通过油中溶解气体分析来检测设备内部潜伏性故障，了解故障发生的原因，不断地掌握故障的发展趋势，提供故障严重程度的信息，即时报警，作为编制合理

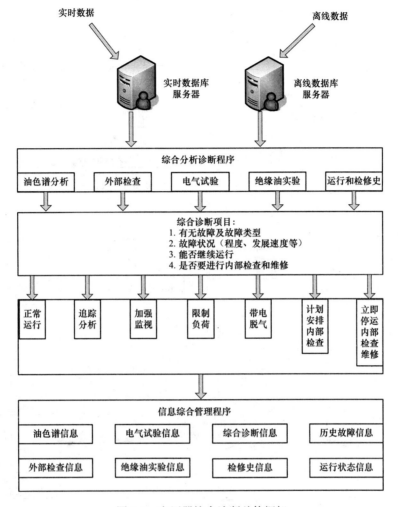

图 6-2　变压器综合诊断总体框架

维护措施的重要依据，是油中溶解气体分析的主要任务。

　　针对上述故障，根据色谱分析数据进行变压器内部故障诊断时，应包括：

　　（1）判断变压器是否存在故障。

　　（2）判断故障类型，如过热、电弧、火花放电和局部放电等。

　　（3）判断变压器故障的状况，如热点温度、故障功率、严重程度、发展趋势及油中气体的饱和程度和达到饱和而导致继电器动作所需的时间等。

　　（4）提出相应的反事故措施，如能否继续运行，继续运行期间的安全技术措施和监视手段或是否需要内部检查修理等。

　　变压器油色谱故障诊断程序的基本思路如图 6-4 所示。

6.2.4.1　变压器有无故障的判断

　　在实际判定工作中，首先应将油中溶解气体分析结果的几项主要指标（总烃、乙炔、氢）与气体浓度的注意值进行比较。其他指标如乙烷、乙烯等可作为参考。当油中溶解气

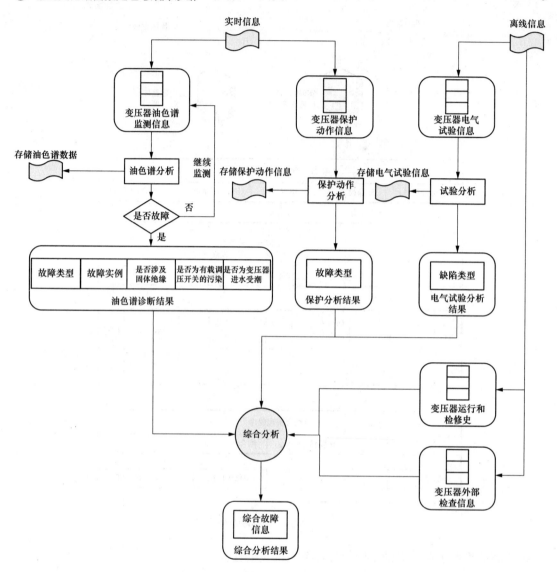

图 6-3 变压器状态综合诊断流程

体的几项主要指标超过注意值时，应引起注意，但是它不是划分设备是否正常的唯一判据，最终判定有无故障还应根据追踪分析，考察特征气体的增长速率。实际判断时，短期内各种气体含量迅速增加，但未超过气体含量注意值，也可判断为内部有异常状况；当油中溶解气体的几项主要指标超过注意值且绝对产气速率超过其注意值时，判定为存在故障。

1. 根据气体浓度判断

变压器内部油中气体含量超过表 6-1 所列数值时，应引起注意。

正常运行情况下，充油电力变压器在受到电和热的作用时会产生一些氢气、低分子烃类气体及碳的化合物。当变压器发生故障时，气体产生速度加快，所以根据气体的浓度可以在一定程度上判断变压器是否发生故障。变压器运行过程中气体浓度的极限值如表 6-2 所示。

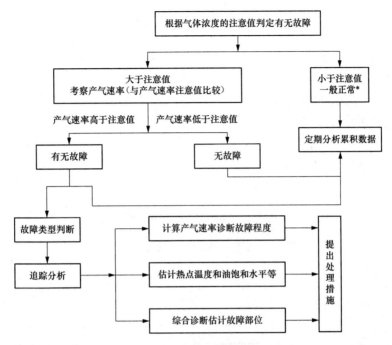

图 6-4　变压器油色谱故障诊断程序的基本思路

注：＊表示对于新投入运行或重新注油的设备，短期内各气体含量迅速增长，
　　但尚未超过注意值，也可判定为内部有异常。

表 6-1　　　　　　　　　　　　变压器油中溶解气体浓度注意值

设备	气体组分	含量（μL/L）	
		330kV 以上	220kV 以下
变压器	总烃	150	150
	乙炔	1	5
	氢	150	150
	一氧化碳	—	—
	二氧化碳	—	—

表 6-2　　　　　　　　　　变压器投运前后气体浓度的极限值（μL/L）

投运时间	H_2	CH_4	C_2H_6	C_2H_4	C_2H_2	总烃	CO	CO_2
投运前或 72h 试运行期内	50	10	5	10	<0.5	20	200	1500
运行半年内	100	15	5	10	<0.5	25	—	—
运行较长时间	150	60	40	70	10	150	—	—

2. 根据产气速率判断

变压器发生故障时，往往是油中溶解特征气体浓度比较低，但产气速率却比较大。产气速率分为绝对产气速率和相对产气速率。

绝对产气速率是每运行日产生某种气体的平均值，即

$$v_a = \frac{c_{li} - c_{ei}}{\Delta t} \times \frac{m}{\rho} \qquad (6\text{-}1)$$

式中　v_a——绝对产气速率，mL/d；

　　　c_{li}——第二次取样测得油中某种气体浓度，μL/L；

　　　c_{ei}——第一次取样测得油中某种气体浓度，μL/L；

　　　Δt——取样间隔中实际的运行时间，d；

　　　m——变压器总油重，t；

　　　ρ——油的密度，t/m³。

变压器的绝对产气速率的注意值如表 6-3 所示。

表 6-3　　　　　　　　　　　绝对产气速率注意值（mL/d）

气体组分	开放式	隔膜式
总烃	6	12
乙炔	0.1	0.2
氢气	5	10
一氧化碳	50	100
二氧化碳	100	200

相对产气速率是折算到月的某种气体浓度增加量占原有值百分数的平均值，按下式计算

$$v_r = \frac{c_{li} - c_{ei}}{c_{ei}} \frac{1}{\Delta t} \times 100 \qquad (6\text{-}2)$$

式中　v_r——相对产气速率，%/月；

　　　c_{li}——第二次取样测得油中某种气体浓度，μL/L；

　　　c_{ei}——第一次取样测得油中某种气体浓度，μL/L；

　　　Δt——取样间隔中实际的运行时间，月。

当总烃的相对产气速率大于 10% 时就应该引起注意，对总烃起始值很低的变压器不宜采用此判据。

考察产气速率需要注意：

（1）追踪分析时间间隔应适中，一般以间隔 1~3 个月为宜，且必须采用同一方法进行气体分析。

（2）考察产气速率区间内，变压器不得停运，并且负荷应保持稳定。如欲考察产气速率对复合的相互关系，则可有计划地改变负荷进行考察。

（3）考察产气速率时，如果变压器油脱气处理或设备运行时间不长及油中含量很低时，采用相对产气速率判断会带来较大误差。

同时，产气速率在很大程度上依赖于设备的类型、负荷情况、故障类型和所用绝缘材料的体积及其老化程度，应结合这些情况进行综合分析。判断设备状况时，还应该考虑到呼吸系统对气体的逸散作用。

3. 诊断故障需注意问题

从变压器故障诊断的一般步骤可见，根据色谱分析的数据着手诊断变压器故障时，需

要注意以下问题：

（1）将分析结果的几项主要指标（总烃、乙炔、氢气含量）与 DL/T 596—1996 中的注意值进行比较。如果有一项或几项主要指标超过注意值，说明设备存在异常情况，要引起注意。但规程推荐的注意值是指导性的，它不是划分设备是否异常的唯一判据，不应当作为强制性标准执行，而应进行跟踪分析，加强监视，注意观察其产生速率的变化。有的设备即使特征气体低于注意值，但增长速度很高，也应追踪分析，查明原因；有的设备因某种原因使气体含量超过注意值，也不能立即判定有故障，而应查阅原始资料，若无资料，则应考虑在一定时间内进行追踪分析。当增长率低于产气速率注意值，仍可认为是正常的。

在判断设备是否存在故障时，不能只根据一次结果来判定，而应经过多次分析以后，将分析结果的绝对值与 GB/T 7252—2001《变压器油中溶解气体分析和判断导则》的注意值进行比较，将产气速率与产气速率的参考值进行比较，当两者都超过时，才判定为故障。

（2）了解设备的结构、安装、运行及检修等情况，彻底了解气体真实来源，以免造成误判断。一般遇到非故障性质的原因情况及误判的可能参见表 6-4。另外，为了减少可能引起的误判断，必须按 DL/T 596—1996 的规定：新设备及大修后在投运前，应作一次分析；在投运后的一段时间后，应作多次分析。因为故障设备检修后，绝缘材料残油中往往残存着故障气体，这些气体在设备重新投运的初期，还会逐步溶于油中，因此在追踪分析的初期，常发现油中气体有明显增长的趋势，只有通过多次检测，才能确定检修后投运的设备是否消除了故障。

表 6-4　　　　　　　　　　　　　造成油色谱误判断的非故障原因

	非故障原因	对油中气体组分变化的影响	误判的可能
设备结构上的原因	（1）有载调压器灭弧室油向本体渗漏	使本体油的乙炔增加	放电故障
	（2）使用有不稳定的绝缘材料，造成早期热分解（如使用 1030 醇酸绝缘漆）	产生 CO 与 H_2 等，增加它们在油中的浓度	固体绝缘发热或受潮
	（3）使用有活性的金属材料，促进油的分解（如使用奥氏体不锈钢）	增加油中 H_2 含量	油中有水分
安装、运行、维护上的原因	（1）设备安装前，充 CO_2 安装注油时，未排尽余气	增加油中 CO_2 含量	固体绝缘发热
	（2）充氮保护时，使用不合格的氮气	氮气含 H_2、CO 等杂气	发热受潮
	（3）油与绝缘物中有空气泡（如安装投运前，油未脱气及真空注油，运行中系统不严密而进气等）	由于气泡性放电产生 H_2 和 C_2H_2	放电故障
	（4）检修中带油补焊	增加乙炔含量	放电故障
	（5）油处理中，油加热器不合格，使油过热分解	增加乙炔等含量	放电故障
	（6）充用含可燃烃类气体的油，或原有过故障，油未脱气或脱气不完全	油溶解度大的可燃烃气体含量高	发热、放电
附属设备或其他原因	（1）潜油泵、油流继电器触点电火花或电动机缺陷	增加乙炔等可燃气体	放电故障
	（2）设备环境空气中 CO 和烃含量高	增加油中 CO 和烃含量	固体绝缘发热

（3）注意油中 CO 和 CO_2 的含量及比值。变压器在运行中固体绝缘老化会产生 CO 和 CO_2。同时，油中 CO 和 CO_2 的含量既同变压器运行年限有关，也与设备结构、运行负荷和油温等因素有关，因此目前没有规定统一的注意值。只是粗略地认为：在开放式的变压器中，CO 含量小于 $300\mu L/L$，CO_2/CO 比值在 7 左右时，属于正常范围；薄膜密封变压器中 CO_2/CO 比值一般低于 7 时也属于正常值。

6.2.4.2 故障严重性判断

当确定设备存在潜伏性故障时，就要对故障严重性做出正确的判断。判断设备故障的严重程度，除了根据分析结果的绝对值外，必须根据产气速率来考虑故障的发展趋势。产气速率是与故障所消耗的能量大小、故障部位、故障性质和故障点的温度等情况有直接关系的。因次，计算故障的产气速率，既可确定设备内部有无故障，又可对故障严重程度做出初步估计。

变压器和电抗器总烃产气速率推荐的注意值：开放式变压器为 0.25mL/h，密闭式变压器 0.5mL/h。如以相对产气速率来判断设备内部状况，则总烃的相对产气速率大于 10%/月就应引起注意。在实际工作中，常将气体浓度的绝对值与产气速率相结合来诊断故障的严重程度，例如当绝缘值超过导则规定注意值的 5 倍，且产气速率超过导则规定注意值的 2 倍时，可以判断为严重故障。

当有意识地用产气速率考察设备的故障程度时，必须在考察期间变压器不要停运而尽量保持负荷的稳定性，考察的时间以 1～3 个月为宜。如果在考察期间，对油进行脱气处理或在较短的运行期间及油中含气量很低时进行产气速率的考察，会带来较大的误差。

6.2.4.3 故障类型判断

设备异常时，应对其故障类型做出判断，主要有特征气体法和 IEC 三比值法。

1. 特征气体判断法

特征气体可反映内部故障引起的油、纸绝缘的热分解本质，气体特征种类和含量随着故障类型、故障能量及其涉及的绝缘材料不同而不同。故障点产生的特征气体与故障源之间的大致关系如表 6-5 所示。

表 6-5　　　　　　　　　　　　判断故障性质的特征气体法

故障性质	特征气体的特点
一般过热性故障	总烃较高，$C_2H_2 < 5 \times 10^{-6} \mu L/L$
严重过热性故障	总烃较高，$C_2H_2 > 5 \times 10^{-6}$，但未构成总烃主要成分，总烃较高，$H_2$ 较高
局部放电	总烃不高，$H_2 > 100 \times 10^{-6}$，CH_4 占烃中的主要成分
火花放电	总烃不高，$C_2H_2 > 10 \times 10^{-6}$，$H_2$ 较高
电弧放电	总烃高，C_2H_2 高，H_2 含量高

GB/T 7252—2001《变压器油中溶解气体分析和判断导则》规定运行中的变压器油中溶解气体含量超过表 6-6 任何一项值时应引起注意。

表6-6 运行中变压器油中溶解气体含量注意值

气体类型	注意值（μL/L）
总烃	150
H_2	150
C_2H_2	5

特征气体判断法对故障性质有较强的针对性，比较直观方便，缺点是没有明确量的概念。要对故障性质做进一步的探讨，估计故障源的温度范围等，还必须找出故障产气体组分的相对比值与故障点温度或电应力的依赖关系及其变化规律，即组分比值法，目前常用的是三比值法。

2. 三比值法

Halstead 在 1973 年发表的报告中，对油中分解的碳氢气态化合物的产生过进行热动力学理论分析认为，对应于不同温度下的平衡压力，特定碳氢气体的析出速率会随温度而变化，每种气体在不同的温度下达到其最大析出速率，在特定温度下各类气体的相对析出速率是固定的。随着温度升高，析出速率达到最大值的次序依次为 H_2、CH_4、C_2H_6、C_2H_4 和 C_2H_2。根据这一理论，随温度的变化，故障点产生的各气体组分间的相对比例不同。

改良三比值法编码规则见表6-7，故障类型判断见表6-8。

表6-7 改良三比值法编码规则

气体比值范围	比值范围的编码		
	$\dfrac{C_2H_2}{C_2H_4}$	$\dfrac{CH_4}{H_2}$	$\dfrac{C_2H_4}{C_2H_6}$
<0.1	0	1	0
≥0.1~<1	0	0	0
≥1~<3	1	2	1
≥3	2	2	2

表6-8 改良三比值法故障类型判断

编码组合			故障类型判断	故障实例（参考）
$\dfrac{C_2H_2}{C_2H_4}$	$\dfrac{CH_4}{H_2}$	$\dfrac{C_2H_4}{C_2H_6}$		
0	1	0	局部放电	高湿度、高含气量引起油中低能量密度的局部放电
0	0	1	低温过热（低于150℃）	绝缘导体过热，注意 CO、CO_2 含量及其 CO/CO_2 比值
0	2	0	低温过热（150~300）℃	分接开关接触不良，引线夹件螺栓松动或接头焊接不良，涡流引起铜过热，铁芯漏磁，局部短路和层间绝缘不良，铁芯多点接地等
0	2	1	中温过热（300~700）℃	
0, 1, 2	2	2	高温过热（高于700℃）	

编码组合			故障类型判断	故障实例（参考）
$\dfrac{C_2H_2}{C_2H_4}$	$\dfrac{CH_4}{H_2}$	$\dfrac{C_2H_4}{C_2H_6}$		
2	0，1	0，1，2	低能放电	引线对电位未固定的部件之间连续火花放电，分解抽头引线间油隙闪络，不同电位之间的油中火花放电，或悬浮电位之间火花放电等
	2	0，1，2	低能放电兼过热	
1	0，1	0，1，2	电弧放电	线圈匝、层间短路，相间闪络，分接头引线油隙闪络，引线对箱壳放电，线圈熔断，引线对其他接地体放电，分接开关飞弧等
	2	0，1，2	电弧放电兼过热	

6.2.5　具体实现

6.2.5.1　数据库定义

变压器状态诊断数据库中包含变压器的状态参数、试验参数、检修情况记录、油色谱分析记录等，具体表的内容及格式见表 6-9～表 6-13。

表 6-9　参数表：tb_parameter

字段名称	字段意义	数据类型
Index	索引	Int
名称	参数名称	nvarchar
气体浓度注意值	气体浓度	nvarchar
气体浓度极限值	气体浓度注意值	nvarchar
气体绝对产气速率注意值	气体绝对产气速率注意值	nvarchar
气体绝对产气速率极限值	气体绝对产气速率极限值	nvarchar
气体相对产气速率注意值	气体相对产气速率注意值	nvarchar
气体相对产气速率极限值	气体相对产气速率极限值	nvarchar
memberofTF	所属变压器	nvarchar
Value	值	nvarchar

表 6-10　试验数据表：tb_tf_experimentation

字段名称	字段意义	数据类型
RecordIndex	索引	Int
dataname	数据名称	nvarchar
Time	时间	nvarchar
memberofTF	所属变压器	nvarchar
Value	数据值	nvarchar
datatype	数据类型	nvarchar

表 6-11　　　　　　　　　　　　　　外部检查表：tb_tf_outcheck

字段名称	字段意义	数据类型
RecordIndex	索引	Int
检查内容	检查内容	nvarchar
Time	检查时间	nvarchar
memberofTF	所属变压器	nvarchar
检查情况	检查情况	nvarchar
检查人员	检查人员	nvarchar

表 6-12　　　　　　　　　　　　　　运行状态表：tb_tf_state

字段名称	字段意义	数据类型
RecordIndex	索引	Int
ID	状态名称	nvarchar
Time	状态时间	nvarchar
Value	状态值	nvarchar
Desc	状态描述	nvarchar

表 6-13　　　　　　　　　　　　　　油色谱表：tb_tf_ysp

字段名称	字段意义	数据类型
RecordIndex	索引	Int
ID	Ysp 名称	nvarchar
Timestamp	Ysp 时间	nvarchar
Value	Ysp 值	nvarchar
SameIndex	同一时间的数据	Int
Fault	是否故障	Int
Description	状态描述	nvarchar

6.2.5.2　核心类定义

变压器状态诊断系统中核心类定义见表 6-14。

表 6-14　　　　　　　　　变压器状态诊断系统中核心类定义

类名：faultdiagnosis（故障诊断）		
属性	类型	说明
TransformerStyle	int	定义变压器类型（开放式：0；隔膜式：1）
C_2H_6	Double	乙烷测量
H_2	Double	氢气测量
CH_4	Double	甲烷测量
C_2H_4	Double	乙烯测量
C_2H_2	Double	乙炔测量
THC	Double	总烃测量
CO_2	Double	二氧化碳测量

续表

类名：faultdiagnosis（故障诊断）		
属性	类型	说明
CO	Double	一氧化碳测量
Hum	Double	微水测量
C_2H_6Attention	Double	乙烷浓度注意值量
H_2Attention	Double	氢气浓度注意值
CH_4Attention	Double	甲烷浓度注意值
C_2H_4Attention	Double	乙烯浓度注意值
C_2H_2Attention	Double	乙炔浓度注意值
THCAttention	Double	总烃浓度注意值
CO_2Attention	Double	二氧化碳浓度注意值
COAttention	Double	一氧化碳浓度注意值
HumAttention	Double	微水浓度注意值
THCAbsRte	Double	总烃绝对产气速率
C_2H_2AbsRte	Double	乙炔绝对产气速率
H_2AbsRte	Double	氢气绝对产气速率
COAbsRte	Double	一氧化碳绝对产气速率
CO_2AbsRte	Double	二氧化碳绝对产气速率
THCAbsRteA	Double	总烃绝对产气速率注意值
C_2H_2AbsRteA	Double	乙炔绝对产气速率注意值
H_2AbsRteA	Double	氢气绝对产气速率注意值
COAbsRteA	Double	一氧化碳绝对产气速率注意值
CO_2AbsRteA	Double	二氧化碳绝对产气速率注意值

函数：OverAttention（double Gas，double GasAttention）
描述：判断气体是否超过注意值（1为超过；0为不超过）

函数：WhetherFault（）
描述：（总烃、乙炔、氢、一氧化碳、二氧化碳）与气体产气速率注意值作比较，判断是否存在故障（1为故障；0为无故障）

函数：whichfault（）
描述：利用三比值法诊断，判断故障类型（只有在存在故障的情况下，才能调用三比值法，否则比值无效）

函数：SolidInsulation（）
描述：故障是否涉及固体绝缘的判断（1为是，0为否）

函数：WateredAndWetting（）
描述：是否为变压器进水受潮的判断（1为是，0为否）

函数：On-loadVRegulation（）
描述：是否为有载调压开关的污染的判断（1为是，0为否）

6.2.5.3 参数设置

变压器油色谱参数设置见表6-15。

表 6-15 变压器油色谱参数设置

气体名称	气体浓度注意值（μL/L）	气体浓度极限值（μL/L）	气体绝对产期速率注意值（μL/d）	气体绝对产期速率极限值（μL/d）
氢气	150/450	150/450	10000	10000
一氧化碳	800/6000	800/6000	100000	100000
二氧化碳	1000/2000	1000/2000	200000	200000
甲烷	50/100	50/100		
乙烯	50	50		
乙炔	5/10	5/10	200	200
乙烷	50	50		
总烃	150	150	12000	12000

6.2.5.4　运行界面

变压器诊断程序主要包括在线监测、历史数据、数据曲线、参数设置和综合数据 5 个模块，变压器在线监测和综合模块运行界面如图 6-5 所示。

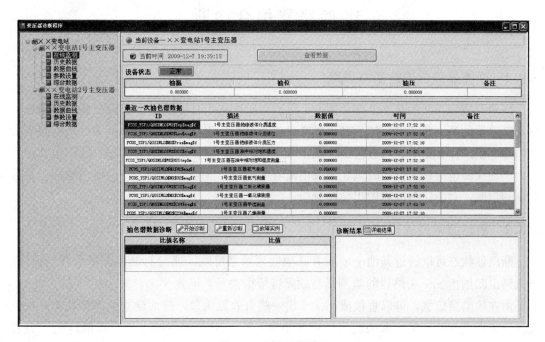

图 6-5　在线监测模块

在线监测模块可以对变压器的在线监测数据进行实时显示，综合数据模块主要对变压器保护动作、DGA、基本参数、电气试验、外部检查、运行状态、检修史等各种数据进行查询和分析诊断。

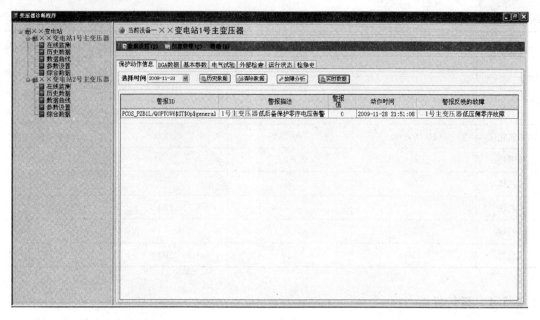

图 6-6　综合数据模块

6.3　断路器综合诊断

6.3.1　断路器综合诊断基本思路

断路器故障诊断的基本框架如图 6-7 所示，通过从实时数据库中获得一些波形采样数据及断路器的基本状态量，然后对采样文件进行分析，得到特征参量。例如，从断路器合闸线圈电流采样数据中，可分析出线圈出现电流时刻、线圈电流消失时刻、线圈电流最大值、出现线圈电流最大值的时刻、线圈电流有效值等。获得波形的一些关键信息后，结合专家知识库，对断路器故障做出诊断分析。

6.3.2　断路器常见故障知识库

断路器状态可以通过其他一项或者几项监测量来反映，通过对断路器的分析与研究，可总结出归纳出 SF_6 断路器的监测量与故障特征得关系，见表 6-16。

由在线监测信息，可以直接或间接求出一些有效监测量，进而建立状态征兆集。根据监测系统提供的监测量，系统选用的征兆集有：K_1，分合闸线圈电流有效值；K_2，分合闸线圈电流时间；K_3，储能电动机储能时间；K_4，断路器总行程；K_5，断路器分合闸瞬时速度；K_6，断路器分合闸平均速度。

通过对 SF_6 断路器常见的故障和多发故障的分析，常见的故障有 10 种，故障集为 $(D_1，D_2，\cdots，D_{10})$。这 10 种故障主要分为本体部分和操动机构故障。操动机构常见故障为：D_1，分合闸线圈铁芯配合精度差，运动过程中阻力大；D_2，分合闸线圈短路；D_3，

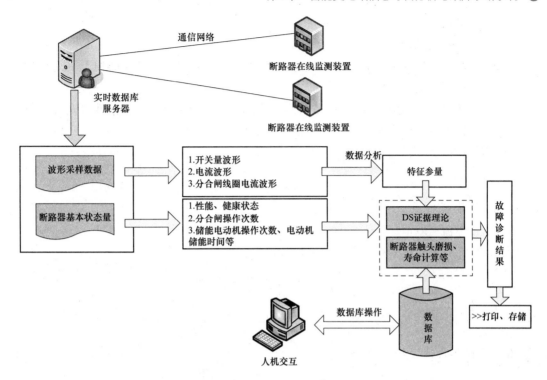

图 6-7 断路器故障诊断基本框架

表 6-16 监测内容与相关故障量关系

序号	在线监测内容	所反映断路器的状态
1	分合闸线圈电流	(1) 监测线圈回路的电气完整性; (2) 间接判断断路器机械操动机构的情况
2	开关量波形曲线	(1) 可反映同期性问题; (2) 监测动力机构、传动机构的运行情况及连接状态
3	储能电动机单次储能时间	(1) 反映电动机工作情况; (2) 反映储能机构等工作情况
4	电流波形曲线	(1) 计算开断电流,判断断路器电寿命; (2) 动静触头的对中情况

分合闸线圈烧毁、断线;D_4,与铁芯顶杆连接的锁扣和阀门变形、移位;D_5,辅助开关及合闸接触器接触不良或不能切换;D_6,直流电源或系统辅助电源故障;D_7,操作机构故障;D_8,储能电动机故障。本体常见故障有:D_9,连杆机构变形移位、锁扣失灵等机械故障;D_{10},剩余电寿命过小。

6.3.3 断路器触头寿命分析

断路器触头的电寿命根据下式计算

$$Q = \sum^{n} I_{bn}^{a}$$

式中　n——开断的次数;

I_{bn}——该次开断电流的有效值；

a——开断电流指数；

Q——开断电流的加权累计值，结合设备说明书，对断路器触头磨损及其寿命情况进行评估；

I_{bn}——通过对开断电流的波形分析计算得到，考虑到计算速度、精度以及开断电流较大的情况，本系统采用了最大差值算法。

设开断电流采样信号表示为

$$i = \sqrt{2}I\sin(\omega t + \theta) \tag{6-3}$$

式中 ω——角频率；

I——电流有效值。

记每周 36 点采样，则相邻两次采样值分别为

$$i_k = \sqrt{2}I\sin\left(\frac{k\pi}{18} + \beta\right)$$

$$i_{k+1} = \sqrt{2}I\sin\left[\frac{(k+1)\pi}{18} + \beta\right]$$

相邻两次采样值之差

$$\Delta i_k = |\,i_k - i_{k-1}\,| = 2\sqrt{2}I\sin\frac{\pi}{36}\left|\cos\left[\frac{(2k+1)\pi}{36} + \beta\right]\right|$$

$\beta = -\frac{\pi}{36}$，$k=0$ 时，或者 $\beta=0$、$k=18$ 时，Δi_k 有最大值

$$\Delta i_k\max = 2\sqrt{2}I\sin\frac{\pi}{36}$$

可得

$$I = \frac{\Delta i_k\max}{2\sqrt{2}\sin\frac{\pi}{36}}$$

由上式可知，相邻两采样点差值与电流有效值成正比关系，且此差值的最大值出现在电流采样过零点处。若计算结果大于预先设定的大电流门槛值，则记为断路器的实际开断电流，否则，重新计算。

在严重短路的瞬间，短路电流中会出现一定幅值的非周期分量，使 TA 铁芯很快达到饱和，励磁阻抗大大降低，励磁电流大大增大，使二次波形出现严重畸变。通过实验计算和误差分析，在较大短路电流 TA 严重饱和的情况下，采用最大值算法最大误差不超过 5%，对电能计量来说，误差可能较大，但对于以断路器检修为主要目的的监测系统而言，是可以接受的。实际上，通过对开断电流的波形进行分析得到峰值，然后根据公式 $I = \frac{I_{\max}}{\sqrt{2}}$，可以粗略地算出开断电流的有效值。

6.3.4 分、合闸线圈电流及其开关量采样数据分析

（1）合、分闸线圈电流时序如图 6-8 和图 6-9 所示。

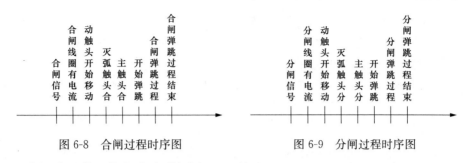

图 6-8 合闸过程时序图　　　　　　　图 6-9 分闸过程时序图

（2）合闸线圈典型的电流波形如图 6-10 所示。

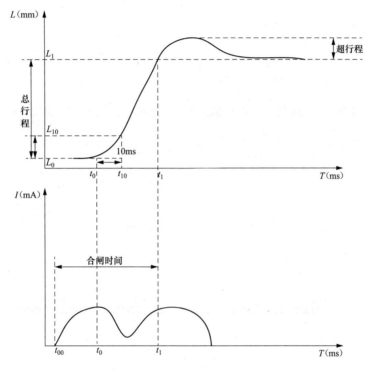

图 6-10 合闸线圈电流及开关行程波形

这一波形根据铁芯运动可分为下列五个阶段：

1）阶段Ⅰ：$t = t_0 \sim t_1$。线圈 t_0 时刻开始通电，到 t_1 时刻铁芯开始运动，在这一阶段的特点是电流上升，铁芯还没运动。t_0 为断路器合闸、分闸命令下达时刻，是断路器合分闸动作计时起点。t_1 为线圈中电流、磁通上升到足以驱使铁芯运动，即铁芯开始运动的时刻，这一时刻的特点是电流呈指数上升，铁芯静止。

2）阶段Ⅱ：$t = t_1 \sim t_2$。在这一阶段中，铁芯运动，电流下降。t_2 为控制电流的谷点，代表铁芯已经触动操作机械的负载而显著减速或停止运动。

3）阶段Ⅲ：$t = t_2 \sim t_3$。在这一阶段铁芯运动停止，电流又呈指数上升。

4）阶段Ⅳ：$t = t_3 \sim t_4$。这一阶段是阶段Ⅲ的延续，电流达到近似的稳定。

5）阶段Ⅴ：$t = t_4 \sim t_5$。电流开断阶段。此阶段辅助开关开断，在辅助开关触头间产生的电弧被拉长，电弧电压迅速升高，迫使电流迅速减小，直至熄灭。

（3）线圈电流和开关量采样数据特征参量。从接到合闸指令瞬间起到所有触头接触的时间间隔定义为断路器的合闸时间，即为 $t_1 - t_{00}$；分闸时间定义为开关接到分闸指令到触头分离瞬间的时间间隔。从合闸前的稳态位置 L_0 到合闸后的稳态位置 L_1，实测位移量 $L_1 - L_0$ 就是触头的合闸行程；从合闸接触时刻 t_0 向后推 10ms 到 t_{10} 的位移量为 $L_{10} - L_0$，用来计算开关主触头合闸前 10ms 的平均速度 $\bar{v}_{10\text{ms}} = \dfrac{L_{10} - L_0}{10}$，以此来作为断路器的合闸速度。

$\bar{v} = \dfrac{L_1 - L_0}{t_1 - t_0}$，以此作为断路器合闸的平均速度。在诊断时，参照产品技术条件规定的合（分）闸时间，可逐步建立断路器拒合（分）闸诊断时间。

6.3.5 断路器综合诊断运行界面

断路器综合诊断系统主要由在线监测、状态评估、设备管理、保护列表、离线诊断和参数设置组成，断路器综合诊断运行界面如图 6-11 所示。

图 6-11 断路器综合诊断运行界面

 6.4 基于故障录波信息的故障诊断

6.4.1 基于 Comtrade 格式的故障录波数据

Comtrade 是 IEEE 标准电力系统暂态数据交换通用格式，该标准为电力系统或电力系统模型的暂态波形和事故数据文件定义了一种格式，该格式意欲提供一种易于说明的数据交换通用格式。该标准由 IEEE 于 1991 年提出，并于 1999 年进行了修订和完善。本项目中的 Comtrade 文件来源于保护录波装置采集到的数据。

完整的 Comtrade 格式的故障录波文件由四个相关的文件构成，每个文件包含不同的信息：头标文件（.hdr）、配置文件（.cfg）、数据文件（.dat）和信息文件（.inf）。这四个文件除了扩展名不同之外，都应当具有相同的主文件名。其中头标文件是任意长度的 ASCII 码文本文件，用于存储关于故障的补充性和叙述性的信息，以便用户能够更好的理解这条记录。头标文件不作为应用程序的操作对象，而是用户的阅读对象。配置文件是 ASCII 文本文件，用以说明数据文件的格式，提供给人或计算机阅读和解释相关数据文件中数据值所必需的信息，如采样速率、通道编号等。数据文件（.dat）用于记录输入通道的每个采样值，包含有采样顺序号和每次采样的时间标志。信息文件（.inf）则包含有其他一些特别信息，属于可选文件。

典型的配置文件内容如图 6-12 所示。

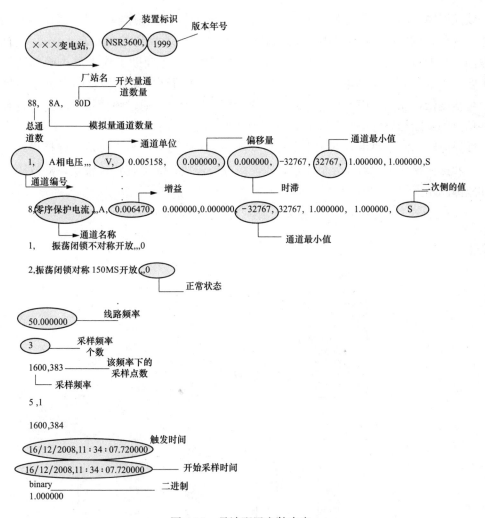

图 6-12　录波配置文件内容

数据文件（.dat）内容包括每个通道的采样序号、时标和数据值。数据都为整数格式，以二进制（先低位后高位）格式存储。

典型的数据文件格式如图 6-13 所示。

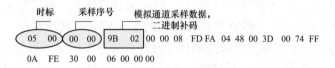

图 6-13　数据文件格式

根据以上的介绍可以看出，计算机仅仅依据配置文件和数据文件便可以读出故障信息。因此在模块中只需要对这两个文件进行处理。

6.4.2　具体实现

线路故障诊断模块作为智能报警与故障诊断主程序的子程序，一旦主程序判断出线路发生了故障，就可以调用该模块。用户通过该模块可手动找到相关的 Comtrade 文件，实现故障过程的再现。一方面借助该模块详细的故障分析，辅助工作人员正确判断故障性质，快速得到事故处理决策；另一方面，由于保护和断路器动作信息的通道信号易受干扰，可信度低，而且它们本身也存在误动或者拒动的情况，通过该模块的辅助可弥补基于这些信息的诊断结果可信度不高的缺点。

线路故障诊断模块由以下六个子模块（图 6-14）构成：①数据读取与存储模块；②波形显示和操作模块；③谐波分析模块；④向量分析模块；⑤阻抗轨迹模块；⑥故障类型判断和故障测距模块。

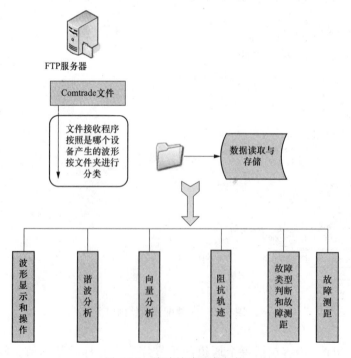

图 6-14　线路故障诊断架构

程序界面如图 6-15 所示：

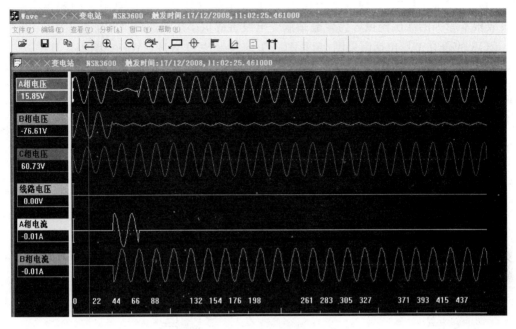

图 6-15　程序界面

6.5　基于根本原因法的变电站故障诊断方法

现有的大多故障诊断模型仅利用了局部信息，难以对如多重相继故障、保护及断路器拒动、信息传输错误和传感器误差等不确定性因素引发的复杂故障进行准确诊断。

根据智能变电站的结构与特征以及数据和信息流等的技术特点，引入根本原因分析（root cause analysis，RCA）法，构建了基于原因型鱼骨图的智能变电站输变电设备故障诊断模型。根据所建立的故障诊断模型中的父节点、变压器/断路器/输电线路等子节点以及子原因、根原因之间的逻辑关系，采用 D-S（Dempster/Shafer）证据理论中的合成法则融合多种故障特征信息，可对输变电设备进行层次化和结构化的综合诊断。通过对实际系统所发生的故障案例测试表明，故障诊断模型能够处理保护和断路器拒动和误动以及警报信息出现遗漏和错误等情况。

6.5.1　RCA 的基本原理

根本原因指导致事故发生的最基本原因，如物理条件、人为因素、系统行为或者结构与流程因素等。RCA 是一种结构化和系统化的问题处理方法，最早应用于组织管理领域，可用于确定和分析问题的根本原因，并制订解决办法与预防措施。大型变电站的输变电设备元件多，且一、二次设备间存在关联，若能够利用其间存在的各种关联关系，便可建立一种新的变电站输变电系统故障诊断模型体系。针对变电站结构与特征及信息数据流的特点，可建立基于 RCA 理论的变电站故障诊断模型体系，以解释事故原因的连锁关系链，实现问题（发生了什么）、原因（为什么发生）、措施（什么方法能够阻止问题再次发生）等事故根本原因的深层挖掘，为变电站输变电设备提供事故快速处理和辅助决策。

RCA 的研究工具包括因果图/鱼骨图、头脑风暴法和 WHY-WHY 图等。其中，鱼骨图包括整理问题型、原因型和对策型 3 种类型。下面通过图 6-16 所示的原因型鱼骨图，阐述 RCA 在变电站故障诊断中应用的基本思路。

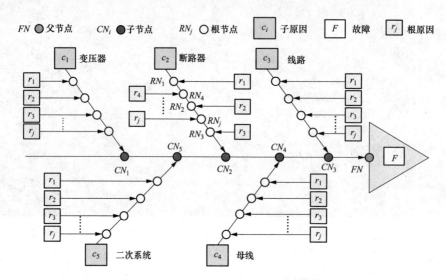

图 6-16　原因型基于 RCA 的智能变电站故障诊断体系框架鱼骨图

图 6-16 中的各个符号或模块的含义如下：

（1）F 为需要解决的故障，表示在变电站中所发生的故障。

（2）c_i 为 F 的子原因，表示发生故障的基本原因，如变压器或线路故障等；$p(c_i)$ 为该子原因导致故障发生的概率。定义 $S(F)=\{c_1，c_2，\cdots，c_i\}$ 为引起故障 F 的子原因集合。

（3）r_j 为 F 的根原因，表示发生故障的根本原因，如变压器发生电弧放电故障或线路发生单相接地故障。$p(r_j\mid c_i)$ 为子原因 c_i 的根原因 r_j 导致故障发生的概率。定义 $G(c_i)=\{r_1，r_2，\cdots，r_j\mid r_j\in c_i\}$ 为引起基本原因 c_i 发生的根本原因，例如 c_2 为线路发生故障，$r_1\in c_2$ 为引起线路发生故障的根本原因是单相接地。

（4）FN 为诊断体系中的父节点，有且只有一个。定义 $FN=(D，M，O)$，表示父节点由 D、M 和 O 三个元素组成；其中，D 表示诊断所需信息源获取方式的组合 $D\subseteq D_e=\{d_1，d_2，\cdots，d_n\}$，$D_e$ 表示从信息源获取所需信息的所有方式，n 为获取方式的总数。$M=\{m_1，m_2，\cdots，m_p\}$ 为该节点可用故障诊断方法的集合，$O=\{[c_i，\hat{p}(c_i)]\mid(i=1，2，\cdots，q)\}$ 为诊断的输出结果，$c_i\in O$，q 为子原因 c_i 的个数，$p(c_i)$ 为对应子原因的发生概率。FN 由这三个元素共同构成来完成诊断的基本功能。

（5）CN_i 和 RN_j 分别为子节点和根节点，其结构与 FN 类似，由 D、M 和 O 三个元素组成，可在 FN 基础上做更详尽的诊断。其中，$S(CN)=\{CN_1，CN_2，\cdots，CN_i\}\in FN$，$S(CN)$ 为子节点的集合，所有子节点都属于 FN。$S(RN\in CN_k)=\{CN_1，CN_2，\cdots，$

CN_j} 为属于子节点 CN_k 的根节点 RN 的集合。

（6）FN、CN_i 和 RN_j 的节点功能具有独立性。由（4）中对节点的定义可知，各种节点能够独立地获取各自所需诊断信息、选择适当的诊断方法，以及能够独立分析出各节点故障原因。

（7）c_i 和 r_j 及各个 r_j 之间的原因具有互补性。由于父节点和子节点的诊断信息都可能存在错误或者偏差，仅仅依靠单一的诊断信息不能给出全面准确的分析结果，因此通过 FN 的功能给出某次故障的子原因 $S(F) = \{c_1\}$，同时在该 c_1 的 CN_1 功能给出根本原因 $r_1 \in c_1$ 后，可对彼此分析结果进行互补和校验。

6.5.2 基于 RCA 的变电站故障诊断体系

在图 6-16 所示的基于 RCA 的智能变电站故障诊断模型体系中，$S(CN) = \{CN_1, CN_2, CN_3, CN_4, CN_5\}$ 和 $S(F) = \{c_1, c_2, c_3, c_4, c_5\}$ 分别表示变压器、断路器、线路、母线和二次系统（直流电源、网络通信以及继保装置等）的子节点和其子原因集合。

1. 节点信息获取方式

变电站配置描述语言 SCL 用于描述基于 IEC 61850 标准的智能变电站内相关的 IED 配置和参数、通信系统配置、变电站系统结构及它们之间的关系，可利用其进行信息数据的交换。根据 SCL 设定警报信息 ID 的格式为"IED＿逻辑设备/逻辑节点＄约束类型＄数据＄数据属性"。逻辑节点 LN 是智能变电站中完成各种功能的基本单位，获取信息时主要依据逻辑节点对所需信息进行识别。SCC 中主要逻辑节点如表 6-17 所示。

表 6-17   **SCL 中主要逻辑节点**

序号	逻辑节点	说明
1	Pxyz（保护）	保护动作
2	XCBR（断路器）	断路器位置
3	RREC（重合闸）	重合闸动作
4	XSWI（隔离开关）	隔离开关位置
5	SMIL（变压器油色谱监测）	监测值
6	SCBR（断路器在线监测）	监测值

为全面分析和诊断所发生的故障，所需诊断信息还可包括相关设备的电气和化学试验结果、运行检修史、在线监测波形文件和故障录波文件等。这里将诊断信息按类型划分为三种：①变位信息，指带时标的遥信信息；②断面信息，包括某时刻所有的遥信和遥测信息；③数据文件，包括相关设备电气和化学试验结果、运行检修史、在线监测波形文件和故障录波文件等。节点信息源的获取方式可表示为

$$D_e = \{d_1, d_2, d_3\}$$

式中 d_1——被动获取变位信息方式；

        d_2——主动获取断面信息方式；

        d_3——主动 FTP 方式。

（1）变位信息为被动获取方式，它以毫秒级的分辨率获取事件信息，为故障诊断提供有力的证据，当智能变电站中发生故障或者遥信发生变位时，就会出现变位信息。

（2）断面信息为主动获取方式，它所包含的信息是当前时刻整个变电站中所有遥信和遥测信息（包括在线监测信息），因此，这部分信息是实时更新变化的，当进行故障诊断时，需要提取相关时刻的断面信息进行分析。断面信息的获取机制如图 6-17 所示。

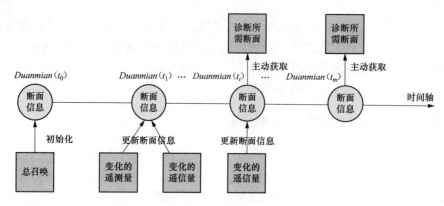

图 6-17　断面信息的获取机制

定义某个时刻 t_i 的断面信息为 $Duanmian(t_i)$，图 6-17 列出了对断面信息获取的几种情况。$Duanmian(t_0)$，为初始化的断面信息，该时刻 t_0 的断面信息从变电站信息源中通过总召唤获得，对所有遥测量和遥信量进行初始化；$Duanmian(t_1)$ 表示 t_1 时刻部分遥信量和遥测量都发生变化，断面信息被更新；$Duanmian(t_i)$ 表示 t_i 时刻只有部分遥信量发生变化，并且该时刻为诊断所需的断面，通过主动获取为诊断提供初始数据。$Duanmian(t_m)$ 表示 t_m 时刻没有数据发生变化，但是该时刻为诊断所需的断面。

（3）波形文件为主动获取方式，当启动相关录波分析诊断功能时，诊断程序通过 FTP 主动调用断路器在线监测波形文件和故障录波文件等。

2. 诊断的父节点

父节点 $FN=(D, M, O)$，其数据获取方式 $D=\{d_1\}$ 为被动获取 Pxyz（保护）、XCBR（断路器）和 RREC（重合闸）及二次设备等变位信息；其诊断方法 $M=\{m_1\}$ 为利用断路器、保护和二次设备信息，采用基于时序约束网络的故障诊断优化模型对变电站进行故障诊断。诊断输出结果格式为

$$O=\{[c_1, p(c_1)], [c_2, p(c_2)], [c_3, p(c_3)], [c_4, p(c_4)], [c_5, p(c_5)]\}$$

式中　c_1——变压器故障；

　　　c_2——断路器误动或者拒动；

　　　c_3——线路故障；

　　　c_4——母线故障；

　　　c_5——二次设备故障；

$p(c_i)$——各个子原因发生的概率。

FN 的功能如图 6-18 所示。

下面主要以变压器、断路器和线路这三个子节点（即 CN_1、CN_2 和 CN_3）为例，对子节点进行详细介绍。

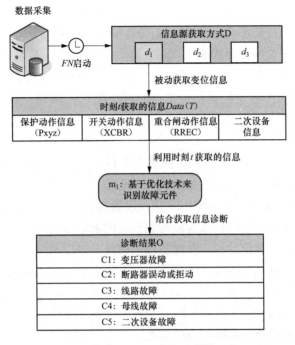

图 6-18　FN 功能示意图

3. 变压器子节点

令 $CN_1 = (D_1, M_1, O_1)$，其数据获取方式 $D_1 = \{d_2\}$，即主动获取变压器油色谱在线监测信息 SMIL。变压器内部故障主要包括过热性故障、放电性故障及绝缘受潮故障等多种类型。在特定温度下变压器油中各类气体的相对析出速率是固定的，随着温度的变化，故障点产生的各气体组分间的相对比例也会发生变化。因此，其诊断方法 $M_1 = \{m_1\}$ 为改良三比值法，即对油中气体进行分析，给出变压器故障类型。

诊断输出结果 $O_1 = \{[r_j, p(r_j|c_1)] | (j = 1, 2, \cdots, 9)\}$，其中 r_1 为局部放电，r_2 为第 1 种低温过热（低于 150℃），r_3 为第 2 种低温过热（150~300℃），r_4 为中温过热，r_5 为高温过热，r_6 为低能放电，r_7 为低能放电兼过热，r_8 为电弧放电，r_9 为电弧放电兼过热；$p(r_j|c_1)$ 为子原因 c_1 对应根原因发生的概率。

4. 断路器子节点

令 $CN_2 = (D_2, M_2, O_2)$，其数据源获取方式 $D_2 = \{d_1, d_2, d_3\}$，即：通过被动获取变位信息方式 d_1 获取 XCBR（断路器）变位信息，通过主动获取断面信息方式 d_2 获取断路器在线监测信息 SCBR，通过主动 FTP 方式 d_3 获取断路器在线监测波形文件。然后，对采样文件进行分析，得到特征参量。从断路器合闸线圈电流采样数据中，可分析得出线圈出现电流时刻、线圈电流消失时刻、线圈电流最大值、出现线圈电流最大值的时刻、线圈电流有效值等。诊断方法 $M_2 = \{m_2\}$ 为基于 Dempster 合成原理，结合专家知识库，利用分合闸线圈电流、开关量波形文件、储能电动机单次储能时间和电流波形曲线等在线监测信息，建立状态征兆集。之后，基于分合闸线圈电流有效值、分合闸线圈电流时间、储能电动机储能时间、断路器总行程、断路器分合闸瞬时速度、断路器分合闸平均速度等，对断路器故障进行诊断。

诊断输出结果 $O_2=\{[r_j,\ p(r_j\,|\,c_2)]\,|\,(j=1,\ 2,\ \cdots,\ 10)\}$，其中：$r_1$ 为分合闸线圈铁芯配合精度差和运动过程中阻力大，r_2 为分合闸线圈短路，r_3 为分合闸线圈烧毁、断线，r_4 为与铁芯顶杆连接的锁扣和阀门变形、移位，r_5 为辅助开关及合闸接触器接触不良或不能切换，r_6 为直流电源或系统辅助电源故障，r_7 为操动机构故障，r_8 为储能电动机故障，r_9 为连杆机构变形移位、锁扣失灵等机械故障，r_{10} 为剩余电寿命过小；$p(r_j\,|\,c_2)$ 为子原因 c_2 对应根原因发生的概率。

5. 线路子节点

令 $CN_3=(D_3,\ M_3,\ O_3)$，其数据源获取方式 $D_3=\{d_3\}$，通过主动 FTP 方式 d_3 获取线路故障录波 Comtrade 文件。输电线故障诊断问题主要包括故障类型识别、故障测距和故障时间识别。将诊断问题描述为优化问题，以故障诊断问题中待求解的量（如故障距离）和待估计的量（如过渡电阻）作为故障假说里的未知参数，以故障后的实际波形和期望波形的差异度最小作为优化目标，在此基础上构建了包括离散和连续优化变量的混合优化模型，最终采用了一种现代启发式优化算法——和声搜索算法来求解这一优化问题。

诊断输出结果 $O_3=\{[r_j,\ p(r_j\,|\,c_2)]\,|\,(j=1,\ 2,\ 3,\ 4)\}$，其中：$r_j$ 为单相接地、两相短路接地、相间短路故障和三相短路故障；$p(r_j\,|\,c_3)$ 为子原因 c_3 对应根原因发生的概率。此外，诊断输出结果中还包括故障测距的结果。

按照上面对各个子节点的介绍，可用图 6-19 表示子节点 CN 的功能。

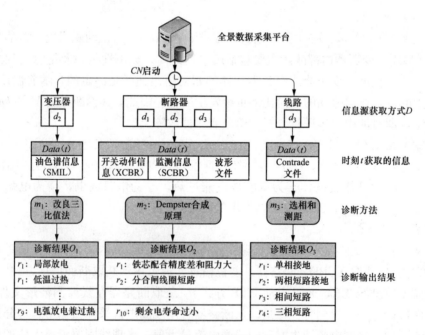

图 6-19　CN 功能示意图

6.5.3　基于 RCA 的故障诊断流程

基于 RCA 的故障诊断流程如图 6-20 所示，主要包括没有保护和断路器动作及有保护和断路器动作两种情况。

6.5.3.1 没有保护和断路器动作的情况

没有保护和断路器动作时，主要是对输变电设备进行状态监测及对设备健康状态进行评估，步骤如下：

人工设定定时器的时间间隔为 t_{interval}。启动各个子节点 CN（包括子节点的数据获取 D、故障诊断 M 和结果输出 O 功能）。根据变压器 CN_1、断路器 CN_2 及二次设备 CN_5 等子节点的输出结果对变电站输变电设备进行状态监测，并对设备健康状态趋势进行评估，最后给出评估结果 O_1、O_2、O_3、O_5 及 R，即

$$R = O_1 \bigcup O_2 \bigcup O_3 \bigcup O_5 = \begin{cases} \left[(r_j \mid c_1), p(r_j \mid c_1) \right] \\ \left[(r_j \mid c_2), p(r_j \mid c_2) \right] \\ \left[(r_j \mid c_3), p(r_j \mid c_3) \right] \\ \left[(r_j \mid c_5), p(r_j \mid c_5) \right] \end{cases} \tag{6-4}$$

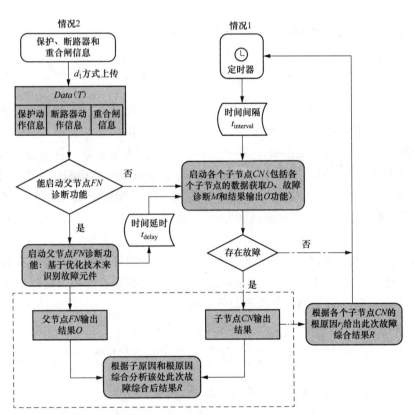

图 6-20　基于 RCA 的故障诊断流程

6.5.3.2 有保护和断路器动作的情况

有保护和断路器动作时，诊断分析流程主要包括以下步骤：

（1）一旦保护、断路器和重合闸动作，父节点 FN 的诊断功能 M 启动，通过被动获取变位信息方式 d_1 获取 Pxyz（保护）、XCBR（断路器）、RREC（重合闸）和二次设备等

变位信息，采用基于优化技术识别故障元件，并给出故障的子原因集合

$$S(F) = O = \{[c_1, p(c_1)], [c_2, p(c_2)], [c_3, p(c_3)], [c_4, p(c_4)], [c_5, p(c_5)]\} \quad (6\text{-}5)$$

（2）由于获取各种波形文件会比变位信息有所延时，因此人工设定 t_{delay}，用于延时一段时间后启动各个子节点 CN（包括各个子节点的数据获取 D、故障诊断 M 和结果输出 O 功能）。

（3）为避免诊断信息源出现错误导致的误诊断及父、子节点之间的诊断结果出现冲突等情况，这里基于 D-S 证据理论，将所有可能故障的集合作为辨识框架，故障的每一种症状作为证据，对父节点 FN 及各个子节点的输出结果 O、O_1、O_2、O_3、O_5 进行综合分析。

1）D-S 证据理论中最基本的概念是辨识框架（Frame of discernment）。对于某个判决问题，把所能认识到的所有可能结果用非空集合 Θ 表示，称 Θ 为辨识框架，它由一些互斥且穷举的元素组成。这里所建立的辨识框架为 $\Theta = \{q_1, q_2, q_3, q_4, q_5\}$，其中 q_1 为变压器故障，q_2 为断路器误动或者拒动，q_3 为线路故障，q_4 为母线故障，q_5 为二次设备故障。

上述命题 q_i 对函数 m 的赋值 $m(q_i)$ 若满足下列条件

$$m(\varnothing) = 0 \quad (6\text{-}6)$$

$$\forall q_i \in \Theta, m(q_i) \geqslant 0, \text{且} \sum_{q_i \in \Theta} m(q_i) = 1 \quad (6\text{-}7)$$

则称 $m(q_i)$ 为 q_i 的基本概率赋值函数（BPAF），其表示对命题 q_i 的精确信任程度，即对 q_i 的直接支持，而不支持任何 q_i 的真子集。如果 q_i 为辨识框架 Θ 的子集，且 $m(q_i) > 0$，则称为证据的焦元（Focus element）。在式（6-6）中，$\varnothing$ 表示空集。这里将父节点 FN 的诊断结果作为证据 1，对应的 BPAF 为 $m_1(q_k)$；将子节点 CN 的诊断结果作为证据 2，对应的 BPAF 为 $m_2(q_1)$。设 $m_1(q_k)$ 和 $m_2(q_1)$ 是同一个辨识框架 Θ 上的两个证据独立的 BPAF：证据 1 对应的基本概率赋值函数为 m_1，且 $m_1(q_k) = p(c_i)$；证据 2 对应的基本概率赋值函数为 m_2，且 $m_2(q_l) = p(r_j \mid c_i)$。

2）D-S 合成法则利用同一辨识框架上的不同证据的信任函数，来计算在哪几个证据联合作用下产生的信任函数。D-S 合成法则是一个反映证据联合作用的法则。

将证据 1 和证据 2 的 BPAF 合成的 D-S 法则为

$$m(q) = \frac{\sum_{q_k \cap q_l = A} m_1(q_k) m_2(q_l)}{\sum_{q_k \cap q_l \neq \Phi} m_1(q_k) m_2(q_l)} = m_1(q_k) \oplus m_2(q_l) \quad (6\text{-}8)$$

$m(q)$ 为 $m_1(q_k)$ 和 $m_2(q_1)$ 的正交和，记为 $m = m_1 \oplus m_2$。

$$\sum_{q_k \cap q_l \neq \Phi} m_1(q_k) m_2(q_l) = 1 - \sum_{q_k \cap q_l = \Phi} m_1(q_k) m_2(q_l) = 1 - k \quad (6\text{-}9)$$

式（6-9）中，$k = \sum_{q_k \cap q_l \neq \Phi} m_1(q_k) m_2(q_l)$，表示合成过程中各证据间的冲突程度，$0 \leqslant k \leqslant 1$，$k$ 越大，证据间的冲突越激烈。

6.5.4 基于 RCA 的智能变电站故障诊断软件设计

在 GB/T 30155—2013《智能变电站技术导则》中强调的智能变电站高级应用功能包

括了智能变电站全景信息采集及整合和智能告警及事故信息综合分析决策。在某 110kV 变电站的智能化改造和建设项目"基于分布式智能的无人值守变电站研究及应用"中，完成了在线监测以及统一对象建模，实现了全景数据的采集和统一平台的建立，为智能告警及事故信息综合分析决策提供了前提条件。同时，设计人员利用 RCA 的故障诊断原理，融合多种故障特征信息，利用层次化和结构化的诊断体系，对该变电站设计了故障诊断综合分析软件。

该 110kV 变电站的结构如图 6-21 所示。

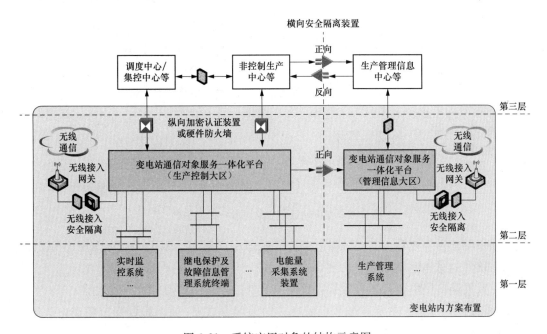

图 6-21 系统应用对象的结构示意图

第一层为用于现场监测的各种传感器，例如点式在线红外测温、自动气象站、环境监测、火灾探测、断路器状态在线监测、变压器油色谱在线监测和保护、测量、故障录波等。

第二层为变电站通信对象服务一体化平台，主要完成实时数据的采集、判断和处理，将处理结果由通信网络发送至变电站运行监控中心（或变电站操作队）。变电站通信对象服务一体化平台安装在变电站中。

第三层是位于无人值守变电站安全监测和预警系统，把监控对象落实到每一监护设备，由微机综合自动化系统负责无人值班变电站的安全。系统采用单机、单网的局域网络环境，负责进行综合分析、判断，提取事故特征，分析事故原因，并打印记录，以备查询。系统采用大屏幕显示屏主要完成故障显示，可声光报警，使巡视和检修人员能够非常明显的看到事故发生地点及类型。

如图 6-22 所示为整个变电站的通信对象服务一体化平台，其中的智能报警装置安装于变电站继电室，从变电站通信对象服务平台（全景数据采集平台）获取相关的诊断数据。对加强整合后的数据（统一时标的保护和开关的动作信息、变压器的色谱检测、

HGIS 的监测信息、故障录波、网络管理和诊断等）进行实时分析功能，并实现主设备运行状态、二次设备运行状态等报警集成在一起进行智能化报警和故障诊断。

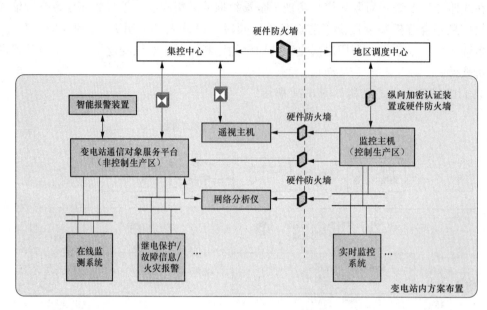

图 6-22　变电站通信对象服务一体化平台

智能报警软件主要利用 C♯编程语言、SQL 数据库语言，SQL 2000、VS2005 软件来开发的，软件的总体框架如图 6-23 所示。

（1）数据接口层主要包括警报接收程序、文件接收程序和模拟警报发送器。

1）警报接收程序。主要通过节点信息源的获取方式 d_1 被动获取变位信息，通过 d_2 方式主动获取断面信息。

2）文件接收程序。通过主动 FTP 方式获取相关设备电气和化学试验结果、运行检修史、在线监测波形文件和故障录波文件等。

3）模拟警报发送器。能模拟现场警报，把数据写入数据库并供故障诊断使用。

（2）数据存储层主要将数据接口获取的变位信息、断面信息存进 SQL 2000 的数据库中，更新实时警报表 tb＿alarm＿realtime 和断面信息表 tb＿alarm＿duanmian，并将获取的文件信息存储在智能报警装置中。

（3）业务逻辑层包括核心算法和数据维护两部分。

1）核心算法。故障诊断的核心算法利用存储在数据存储层的各种故障特征数据，利用故障诊断模型中的父节点、变压器/断路器/输电线路等子节点以及子原因、根原因之间的逻辑配合，通过 D-S 证据理论的合成法则对各个节点的诊断结果进行综合分析，并给出最后的分析结果。

如图 6-24 所示，当系统软件的父节点接收到警报信息时，首先将收到的警报分为八类，并对其进行分类报警：保护动作与断路器动作报警、隔离开关动作报警、保护自检报警、变电站通信网络故障的报警、变压器油色谱检测报警、断路器状态检测报警、二次直流和交流系统报警和其他遥信报警。

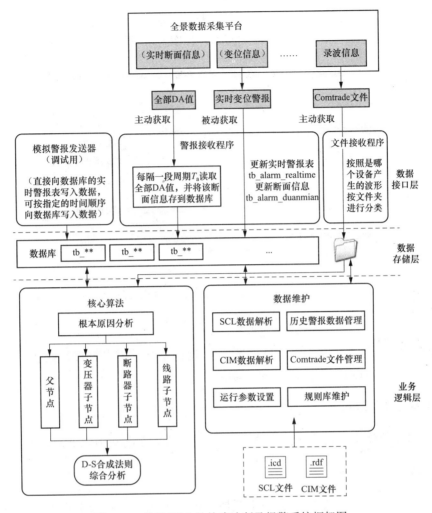

图 6-23　基于 RCA 的故障诊断及报警系统框架图

图 6-24　分类报警界面

软件的父节点根据收到的保护与断路器的警报信息,对变电站进行故障诊断,并给出相关的警报信息、故障的设备及其故障类型等,如图 6-25 所示。

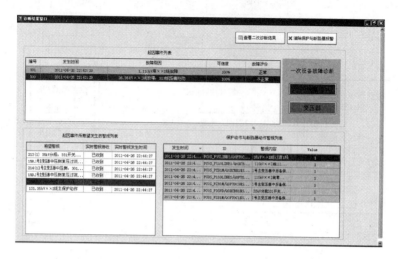

图 6-25　故障诊断界面

2)数据维护。数据维护包括 CIM、SCL 数据的解析,历史警报数据和 Comtrade 文件的管理,运行参数设置和规则库管理等功能。

6.5.5　故障诊断算例

智能变电站故障诊断软件现已成功应用于某 110kV 变电站中,下面以此变电站进行案例分析。

案例 1

发生某次故障后,形成图 6-26 中虚线所示的停电区域。相关保护配置见表 6-18 和表 6-19。

(1)诊断系统通过被动获取变位信息方式 d_1 获取如表 6-20 所示的 Pxyz(保护)和 XCBR(断路器)变位信息。定义 $Data(T)$ 为时间段 2009-12-20 15:20:12 50ms 到 2009-12-20 15:20:13 383ms 获取的信息,此时 $Data(T)$ 满足时序约束网络故障诊断模型。

(2)启动父节点 FN 的诊断功能 M,采用基于优化技术识别故障元件,得到故障的子原因集合 $S(F)=O=\{[c_1, 0.4], [c_2, 0], [c_3, 0.6], [c_4, 0], [c_5, 0]\}$,即诊断结果为:变压器故障的概率为 0.4,线路故障的概率为 0.6。

(3)变压器子节点通过 d_2 方式获取变压器油色谱在线监测信息 SMIL,部分信息如表 6-21 所示;断路器子节点通过 d_3 方式获取断路器线圈电流及其开关量波形,其中断路器 111 的波形如图 6-27 所示;线路子节点通过 d_3 方式获取线路的故障录波,其中 A 站 I 线的波形如图 6-28 所示。人工设定 $t_{delay}=10s$,延时启动变压器 CN_1、断路器 CN_2、线路 CN_3 及二次设备 CN_5 等各子节点,得到故障诊断的根原因:A 站 I 线存在单相接地短路故障 $O_3=\{[r_1, 1]\}$,其他设备不存在故障。

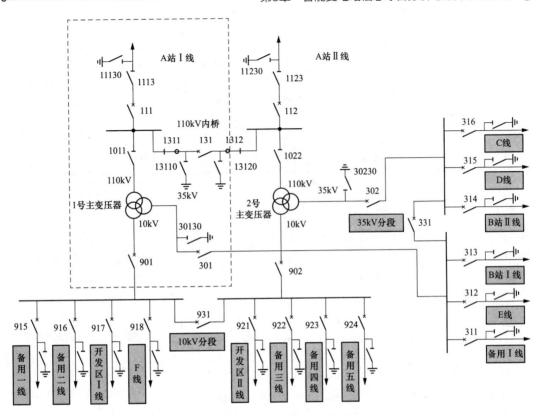

图 6-26 某 110kV 变电站主接线图

表 6-18　　　　　　　　　　　　　A 站 I 线保护配置

序号	名称	序号	名称
1	接地距离 1 段	6	零序 2 段
2	相间距离 1 段	7	零序 4 段
3	相间距离 2 段	8	过流 1 段
4	相间距离 3 段	9	过流 2 段
5	零序 1 段	10	过流 3 段

表 6-19　　　　　　　　　　　　　1 号主变压器保护配置

序号	名称	序号	名称
1	比率差动保护	6	复压过流 IV 段保护（高后备）
2	差流越限保护	7	放电间隙 I 段保护（高后备）
3	复压过流 I 段保护（高后备）	8	放电间隙 II 段保护（高后备）
4	复压过流 II 段保护（高后备）	9	零序过压 I 段保护（高后备）
5	复压过流 III 段保护（高后备）	10	零序过压 II 段保护（高后备）

表 6-20　　　　　　　　　　　　　d_1 方式获取的变位信息

时间	警报 ID	警报值	警报描述
2009-12-20 15：20：12 50ms	PCOS_PZB1H/Q0PTOC3 $ ST $ Op $ general	1	1 号主变压器高后备过流 II 段 1 时限动作

续表

时间	警报 ID	警报值	警报描述
2009-12-20 15：20：13 150ms	PCOS _ P110LINE1/Q0XCBR1 $ ST $ Pos $ stVal	1	111 断路器动作
2009-12-20 15：20：13 260ms	PCOS _ PZB1L/Q0XCBR1 $ ST $ Pos $ stVal	1	901 断路器动作
2009-12-20 15：20：13 327ms	PCOS _ PZB1M/Q0XCBR1 $ ST $ Pos $ stVal	1	301 断路器动作
2009-12-20 15：20：13 383ms	PCOS _ P110LINE3/Q0XCBR1 $ ST $ Pos $ stVal	1	131 断路器动作

表 6-21 d_2 方式获取的部分变压器油色谱在线监测信息 SMIL

时间	警报 ID	警报值	警报描述
2009-12-20 15：20：23	PCOS _ YSP1/Q0SIML0 $ MX $ H2 $ mag $ f	35	1 号主变压器氢气测量 (μL/L)
2009-12-20 15：20：23	PCOS _ YSP1/Q0SIML0 $ MX $ CH4 $ mag $ f	12	1 号主变压器甲烷测量 (μL/L)
2009-12-20 15：20：23	PCOS _ YSP1/Q0SIML0 $ MX $ C2H4 $ mag $ f	15	1 号主变压器乙烯测量 (μL/L)
2009-12-20 15：20：23	PCOS _ YSP1/Q0SIML0 $ MX $ C2H2 $ mag $ f	0	1 号主变压器乙炔测量 (μL/L)
2009-12-20 15：20：23	PCOS _ YSP1/Q0SIML0 $ MX $ C2H6 $ mag $ f	8	1 号主变压器乙烷测量 (μL/L)
2009-12-20 15：20：23	PCOS _ YSP1/Q0SIML0 $ MX $ CO $ mag $ f	406	1 号主变压器一氧化碳测量 (μL/L)
2009-12-20 15：20：23	PCOS _ YSP1/Q0SIML0 $ MX $ CO2 $ mag $ f	120	1 号主变压器二氧化碳测量 (μL/L)
2009-12-20 15：20：23	PCOS _ YSP1/Q0SIML0 $ MX $ THC $ mag $ f	35	1 号主变压器总烃测量 (μL/L)
2009-12-20 15：20：23	PCOS _ YSP1/Q0SIML0 $ MX $ H2AbsRte $ mag $ f	1	1 号主变压器氢气绝对产气速率 (μL/d)
2009-12-20 15：20：23	PCOS _ YSP1/Q0SIML0 $ MX $ C2H2 $ mag $ f	0	1 号主变压器甲烷绝对产气速率 (μL/d)
2009-12-20 15：20：23	PCOS _ YSP1/Q0SIML0 $ MX $ C2H2 $ mag $ f	0.5	1 号主变压器乙烯绝对产气速率 (μL/d)
2009-12-20 15：20：23	PCOS _ YSP1/Q0SIML0 $ MX $ C2H6 $ mag $ f	0	1 号主变压器乙炔绝对产气速率 (μL/d)
2009-12-20 15：20：23	PCOS _ YSP1/Q0SIML0 $ MX $ C2H6 $ mag $ f	0	1 号主变压器乙烷绝对产气速率 (μL/d)
2009-12-20 15：20：23	PCOS _ YSP1/Q0SIML0 $ MX $ C2H6 $ mag $ f	0.5	1 号主变压器总烃绝对产气速率 (μL/d)

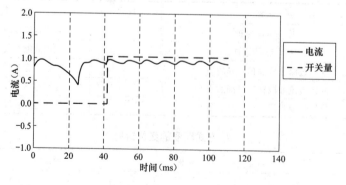

图 6-27 d_3 方式获取的断路器 111 线圈电流及其开关量波形

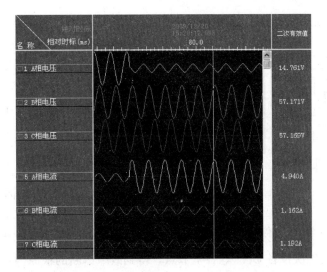

图 6-28　d_3 方式获取的 A 站 I 线故障录波信息

（4）根据 D-S 合成法则进行合成，即

$$k = \sum_{q_k \cap q_l \neq \Phi} m_1(q_k) m_2(q_l) = 0.4 \times 1 = 0.4$$

$$m(q_3) = \frac{\sum\limits_{q_k \cap q_l = q_3} m_1(q_k) m_2(q_l)}{\sum\limits_{q_k \cap q_l \neq \Phi} m_1(q_k) m_2(q_l)} = \frac{0.6}{1 - 0.4} = 1$$

合成结果见表 6-22。

（5）可以看出，在合成之前，父节点对 q_1 的支持度为 0.4，对 q_3 的支持度为 0.6，对 q_2、q_4 和 q_5 不支持，而子节点只对 q_3 支持。合成之后，父节点和子节点都只对 q_3 支持。合成之后的结果是采取了两个诊断结果都支持的目标作为判定结果，同时舍弃了两个诊断结果中互相矛盾的判定结果。合成结果为 A 站 I 线存在单相接地短路故障，这与实际故障情况相同。

表 6-22　　　　　　　　　　　　合　成　结　果

节点的 BPAF	q_1	q_2	q_3	q_4	q_5
m_1	0.4	0	0.6	0	0
m_2	0	0	1	0	0
$m = m_1 \oplus m_2$	0	0	1	0	0

案例 2

假设发生某次故障后，形成图 6-29 中虚线所示的停电区域。35kV 线路相关保护配置如表 6-23 所示。

（1）诊断系统通过被动获取变位信息方式 d_1 获取如表 6-24 所示的 Pxyz（保护）和 XCBR（断路器）变位信息。

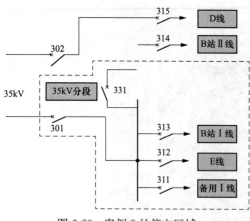

图 6-29　案例 2 的停电区域

（2）启动父节点 FN 的诊断功能 M，采用基于优化技术识别故障元件，得到故障的子原因集合 $S(F)=O=\{[c_1, 0], [c_2, 0], [c_3, 1], [c_4, 0], [c_5, 0]\}$，即诊断结果为：线路故障的概率为 1，35kV B 站 I 线发生故障，主保护动作，313 断路器发生拒动。

（3）断路器子节点通过 d_3 方式获取断路器线圈电流及其开关量波形，其中断路器 313 的电流波形如图 6-30 所示；人工设定 $t_{delay}=10s$，延时启动变压器 CN_1、断路器 CN_2、线路 CN_3 及二次设备 CN_5 等各子节点，得到故障诊断的根原因：35kV B 站 I 线发生单相接地短路故障 $O_3=\{[r_1, 1]\}$，313 断路器由于操动机构故障或者储能电动机故障而拒动，其他设备不存在故障。

表 6-23　　　　　　　　　　　　　　35kV 线路保护配置

序号	名称	序号	名称
1	过流 1 段	4	零序过流 1 段
2	过流 2 段	5	零序过流 2 段
3	过流 3 段	6	零序过流 3 段

表 6-24　　　　　　　　　　　　　　案例 2 中的变位信息

时间	警报 ID	警报值	警报描述
50	PCOS _ P35LINE3/Q0PTOC10 $ ST $ Op $ general	1	35kV B 站 I 线零序过流 1 段
1550	PCOS _ PZB1M/Q0PTOC1 $ ST $ Op $ general	1	1 号主变压器中后备主保护动作
1599	PCOS _ P35FD/Q0XCBR1 $ ST $ Pos $ stVal	1	331 断路器动作
2004	PCOS _ PZB1M/Q0XCBR1 $ ST $ Pos $ stVal	1	301 断路器动作

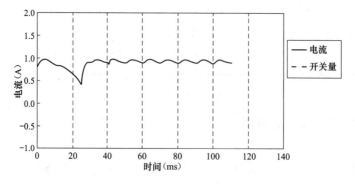

图 6-30　断路器 313 的电流波形

（4）根据 D-S 合成法则进行合成，即

$$k = \sum_{q_k \cap q_l = \Phi} m_1(q_k)m_2(q_l) = 0 \times 0 = 0$$

$$m(q_3) = \frac{\sum_{q_k \cap q_l = q_3} m_1(q_k)m_2(q_l)}{\sum_{q_k \cap q_l \neq \Phi} m_1(q_k)m_2(q_l)} = \frac{1}{1-0} = 1$$

合成结果如表 6-25 所示。

（5）可以看出，在合成之前，父节点对 q_3 的支持度为 1，对 q_1、q_2、q_4 和 q_5 不支持，而子节点同样只对 q_3 支持。合成之后，父节点和子节点都只对 q_3 支持。合成结果为 35kV B 站Ⅰ线发生单相接地短路故障，313 断路器由于操作机构故障或者储能电动机故障而拒动，与实际情况相同。

表 6-25　　　　　　　　　　　　　　　合　成　结　果

节点的 BPAF	q_1	q_2	q_3	q_4	q_5
m_1	0	0	1	0	0
m_2	0	0	1	0	0
$m = m_1 \oplus m_2$	0	0	1	0	0

案例 3

在 2010 年的 3 月 15 号，变压器子节点的状态监测发现异常，油色谱监测信息如表 6-26 所示。

表 6-26　　　　　　　d_2 方式获取的部分变压器油色谱在线监测信息 SMIL

时间	警报 ID	警报值	警报描述
2010-03-15 14：00：10	PCOS＿YSP1/Q0SIML0 $ MX $ H2 $ mag $ f	420	1 号主变压器氢气测量（μL/L）
2010-03-15 14：00：10	PCOS＿YSP1/Q0SIML0 $ MX $ CH4 $ mag $ f	45	1 号主变压器甲烷测量（μL/L）
2010-03-15 14：00：10	PCOS＿YSP1/Q0SIML0 $ MX $ C2H4 $ mag $ f	15	1 号主变压器乙烯测量（μL/L）
2010-03-15 14：00：10	PCOS＿YSP1/Q0SIML0 $ MX $ C2H2 $ mag $ f	0	1 号主变压器乙炔测量（μL/L）
2010-03-15 14：00：10	PCOS＿YSP1/Q0SIML0 $ MX $ C2H6 $ mag $ f	8	1 号主变压器乙烷测量（μL/L）
2010-03-15 14：00：10	PCOS＿YSP1/Q0SIML0 $ MX $ CO $ mag $ f	404	1 号主变压器一氧化碳测量（μL/L）
2010-03-15 14：00：10	PCOS＿YSP1/Q0SIML0 $ MX $ CO2 $ mag $ f	121	1 号主变压器二氧化碳测量（μL/L）
2010-03-15 14：00：10	PCOS＿YSP1/Q0SIML0 $ MX $ THC $ mag $ f	68	1 号主变压器总烃测量（μL/L）
2010-03-15 14：00：10	PCOS＿YSP1/Q0SIML0 $ MX $ H2AbsRte $ mag $ f	1	1 号主变压器氢气绝对产气速率（μL/d）
2010-03-15 14：00：10	PCOS＿YSP1/Q0SIML0 $ MX $ C2H2 $ mag $ f	0	1 号主变压器甲烷绝对产气速率（μL/d）
2010-03-15 14：00：10	PCOS＿YSP1/Q0SIML0 $ MX $ C2H2 $ mag $ f	0.5	1 号主变压器乙烯绝对产气速率（μL/d）
2010-03-15 14：00：10	PCOS＿YSP1/Q0SIML0 $ MX $ C2H6 $ mag $ f	0	1 号主变压器乙炔绝对产气速率（μL/d）
2010-03-15 14：00：10	PCOS＿YSP1/Q0SIML0 $ MX $ C2H6 $ mag $ f	0	1 号主变压器乙烷绝对产气速率（μL/d）
2010-03-15 14：00：10	PCOS＿YSP1/Q0SIML0 $ MX $ C2H6 $ mag $ f	0.5	1 号主变压器总烃绝对产气速率（μL/d）

　　根据油色谱信息，变压器子节点的诊断结果为变压器发生低温过热（低于150℃），可能的故障为绝缘导体过热。但是故障诊断父节点并没有收到变压器重瓦斯或者轻瓦斯保护的报警信息，而且其他保护和断路器信息也没有收到，其他子节点状态监测正常，因此，排除警报遗漏的可能性，并且变压器发生故障的可能性也不大。

　　从油色谱监测信息中发现，氢气和甲烷的测量异常，均超过极限值，并且从图6-31所示的变压器子节点对氢气的状态测量趋势曲线来看，氢气的测量是突然陡增的，因此，怀疑油色谱检测装置发生问题，要求工作人员对其进行检测。最后工作人员发现故障产生的原因为油色谱监测装置的厂家对其进行设备更换后，没有打开油色谱装置的气阀，导致监测数据发生异常，证实了诊断结果的正确性。

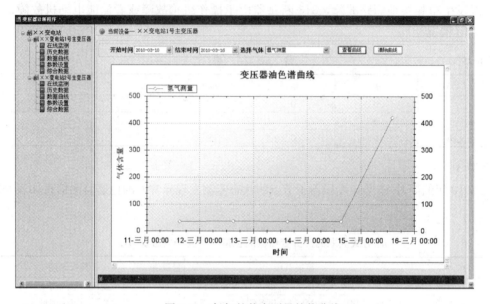

图 6-31　氢气的状态测量趋势曲线

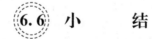

6.6　小　　结

　　本章提出了故障信息综合分析决策方法，研发了故障信息综合分析决策软件，在发生电力系统事故或者故障情况下，系统根据获取的各种信息，自动为值班运行人员提供一个事故分析报告并给出事故处理预案，便于迅速判定事故原因和采取措施。利用RCA故障诊断原理，融合多种故障特征信息，采用C♯编程语言、SQL数据库语言，SQL2000、VS2005等软件开发了变电站故障诊断综合分析系统。

参　考　文　献

[1]　张惠刚. 电网监控技术厂站端 [M]. 北京：中国电力出版社，2013.

[2]　覃剑. 智能变电站技术与实践 [M]. 北京：中国电力出版社，2012.

[3]　耿建风，智能变电站设计与应用 [M]. 北京：中国电力出版社，2012.

[4]　钟连宏，梁异先. 智能变电站技术与应用 [M]. 北京：中国电力出版社，2010.

[5]　黄益庄. 智能变电站自动化系统原理与应用技术 [M]. 北京：中国电力出版社，2012.

[6]　罗承沐，张贵新. 电子式互感器与数字化变电站 [M]. 北京：中国电力出版社，2012.

[7]　贺威俊，等. 轨道交通牵引供变电技术 [M]. 成都：西南交通大学出版社，2011.

[8]　李劲彬，陈隽. 新一代智能变电站中隔离断路器的技术特点分析 [J]. 湖北电力，2013，37（7）：5-8.

[9]　李劲彬，阮羚，陈隽. 应用于新一代智能变电站的隔离断路器 [J]. 电力建设，2014，35（1）：30-34.

[10]　徐康健，孟玉婵. 变压器油中溶解气体的色谱分析实用技术 [M]. 北京：中国标准出版社，2011.

[11]　宏忠，李峥. 电力变压器过热故障及其综合诊断 [J]. 高电压技术，2005，31（4）：2-3.

[12]　董其国. 电力变压器故障与诊断 [M]. 北京：中国电力出版社，2001.

[13]　徐康健，应高亮. 一起变压器内部发生电弧放电故障的案例分析 [J]. 华中电力，2008，21（4）：1-2.

[14]　杨洋，黄文龙. 运行时间较长的变压器短路故障损坏的分析 [J]. 变压器，2012，49（10）：1-3.

[15]　张晋，梁基重，赵淼. 一起550kV变压器绝缘故障的分析与处理 [J]. 山西电力，2015，194（5）：6-8.

[16]　庄兴元. 两起大型变压器铁心故障的检查与处理实例 [J]. 变压器，2008，45（2）：1-2.

[17]　断路器拒动故障原因分析及预防处理措施 [J]. 宋宇，机电信息，2014，（30）：40-41.

[18]　袁改莲. 某110kV变电站10kV断路器拒动引发的事故分析 [J]. 电力学报，2010，25（6）：493-495.

[19]　罗承沐，张贵新，等. 电子式互感器与数字化变电站 [M]. 北京：中国电力出版社，2015.

[20]　闫少俊. GIS智能变电站电子式互感器技术 [M]. 北京，中国电力出版社，2015.

[21]　毛婷，李凤海，赵娜. 智能变电站电子式电压互感器运行异常分析及处理 [J]. 变压器，2015，52（7）：67-68.

[22]　王欢. 电子式互感器在线监测系统的研究 [D]. 武汉：华中科技大学，2010.

[23]　张志，电子式电流互感器在线校验关键技术及相关理论研究 [D]. 武汉：华中科技大学，2013.

[24]　王逸萍，智能高压断路器故障诊断关键技术的研究 [D]. 南京：东南大学，2014.

[25]　刘为. 10kV真空断路器综合特性在线监测装置的设计 [D]. 沈阳：沈阳工业大学，2015.

[26]　罗勇强. 智能断路器性能参数在线监测装置的设计 [D]. 西安：西安工业大学，2013.

[27]　彭飘，廖志伟，文福拴，辛建波. 基于根本原因法的数字化变电站故障诊断 [J]. 电力系统自动化，2011，35（17）：61-66.

[28]　彭飘. 基于根本原因法的智能变电站故障诊断 [D]. 广州：华南理工大学，2011.

[29]　韦刘红，郭文鑫，文福拴. 数字化变电站在线智能警报处理系统 [J]. 2010，34（18）：39-45.